# 構造解析のための材料力学

博士（工学） 舘石 和雄 著

コロナ社

# ま　え　が　き

　橋や高層ビルなどの大きな構造物から，住宅や家具などの身近な構造物まで，私たちの生活はさまざまな構造物に支えられている。構造物は，金属，コンクリート，プラスチックなど，いろいろな材料を使って製作される。それぞれの材料が持つ特徴を生かし，安全で長持ちする構造物を造るには，材料や構造物の力学的な挙動に関する深い究明と理解が必要である。これを担う工学分野が構造工学である。材料力学は構造工学の一部であり，構造物が力を受けた際に，それを構成する部材の内部にどのような力や変形が生じるかという問題を取り扱う。

　構造物を対象とした工学分野，例えば土木工学，建築学，機械工学などの履修コースでは，構造工学に関する多くの科目がカリキュラムに組み込まれている。その中で，材料力学あるいはそれに類する科目は，構造工学の最も基礎的な内容を取り扱う入門科目として，比較的低学年時に履修機会が設けられることが多い。よって，材料力学は，構造工学の基礎固めのために重要であると同時に，構造工学への第一印象を左右するという意味でも重要な科目であるといえる。構造工学に少しでもよい印象を持ってもらえるよう，できるだけ平易な材料力学の解説書を提供したい，本書はそのような動機から執筆，出版に至ったものである。

　本書は，名古屋大学で土木工学を学ぶ2年生向けに開講している講義の講義ノートを基に，内容の選別，章立ての見直しなどを行って全9章に編集した。章の順番どおりに学習してもらうことを想定している。1章では，はりなどの単純な部材を対象に，力のつり合いと断面力の求め方について解説している。2章では応力，ひずみの概念を紹介し，これ以降の部材の力学・変形解析への導入とした。3章以降，軸力，曲げ，せん断，ねじりの四つの作用を受ける部

材の応力・変形挙動についてそれぞれ解説している。4種の作用を受ける部材を同列に万遍なく解説している点は本書の特徴の一つである。7章では，一般的な応力・ひずみの取扱いについて述べている。その際，3次元での説明は煩雑となることから，解説は2次元で行い，3次元表現は紹介のみにとどめる工夫をした。8章では，初学者にとっては難解であると思われる主応力・主ひずみの概念とその求め方について詳述した。9章では，後続科目への橋渡しとなる発展的な話題について解説している。

「材料力学」を題する成書は非常に多く，ロングセラーになっている名著も多いが，上記のような単元構成は他書にはあまり見られないのではないかと考えている。また，入門科目として位置づけられる材料力学の解説書として使われることを念頭におき，内容は厳選に厳選を重ね，コンパクトな書籍に仕上げた。話が込み入った箇所や重要な箇所では適当な区切りをつけ，例題とその解説を示している。各章末には演習問題をつけ，巻末にその解答を示した。ぜひ，自己学習に役立てていただきたい。

構造工学は非常に洗練された奥の深い学問である。本書が初学者の理解の助けとなり，構造工学の道へ入り込むきっかけになれば深甚なる喜びである。なお，演習問題のいくつかは名古屋大学工学部の清水優氏による。ここに記して感謝します。

2019 年 12 月

舘石　和雄

# 目　　　次

## 1.　外力と内力（断面力）

## 2.　応力とひずみ

# 3.　軸力部材の力学

# 4.　曲げ部材の力学

# 5. せん断を受ける部材の力学

# 6. ねじりを受ける部材の力学

# 7. 一般的な応力とひずみ

# 8. 平面応力問題

# 9. いくつかの発展的話題

# 1 外力と内力（断面力）

## 1.1　力とモーメントのつり合い

　ある物体に対して，その外部から作用する力を**外力**（external force）という。物体が静止している場合，それに作用している外力はつり合っている。例えば**図 1.1** のように質点に力が作用しており，質点が静止している場合

$$\sum_{i=1}^{3} \boldsymbol{F}_i = 0$$

でなければならない。ただし，$\boldsymbol{F}_i$ は力を表すベクトルである。

図 1.1　質点に作用する力のつり合い　　図 1.2　球に作用する力

　しかし，現実の物体には体積がある。例えば，**図 1.2** に示すように球にひもを取り付け，それを左右に引っ張った場合，左右の力が同じであっても球が回転運動を起こしてしまうことは明らかであろう。このように，大きさのある物体の静止状態，すなわち力のつり合いを考える際には，回転に関する考察が必要となる。

　物を回転させようとする駆動力を**モーメント**（moment）という。例えば**図 1.3** に示すように物体の点 P に力 $\boldsymbol{F}$ が作用しているとする。また，力の

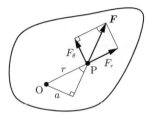

図 1.3　基準点と力の位置関係

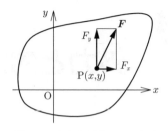

図 1.4　直交座標系による表現

大きさを $F$ とする。このとき，点 O まわりのモーメント $M$ は，力の大きさとその作用線までの距離の積として

$$M = Fa$$

で定義される。あるいは，基準点 O と力の作用点 P とを結んだ方向と，それに直交する方向に力を分解し，その成分を $F_r$，$F_\theta$ とすると，$F_r$ は回転には寄与しないので考慮しなくてよく，モーメントは

$$M = F_\theta r$$

とも表現できる。両者が等しいことは三角形の相似条件から明らかである。また，図 1.4 に示すように，基準点を原点にして $x$–$y$ 座標系を設定し，力を $x$ 軸，$y$ 軸方向成分 $F_x$，$F_y$ で表し，力の作用点を P$(x, y)$ とすれば，原点まわりのモーメントは

$$M = -F_x y + F_y x$$

とも表される。ただし，基準点（原点）からみて反時計回りに回転させようとするモーメントを正とした。先ほどモーメントは力と距離の積だと述べたが，上式の場合，$x$ や $y$ に座標値そのもの（負値でもかまわない）を入れれば，モーメントの正負が自動的に表現できるので便利である。

　図 1.2 に戻ろう。図に示されるような状態，つまり，一対の等値逆向きの力が生じているときのモーメントは**偶力**（couple）と呼ばれる。**図 1.5** のように二つの力の作用線間の距離を $a$ とすると，偶力の大きさは

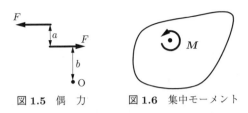

図1.5　偶　力　　　　図1.6　集中モーメント

$$M = Fa$$

である。この大きさはどの点を基準として考えても変わらない。なぜならば，図1.5 中に示す点 O がどこにあったとしても，点 O まわりのモーメントは

$$M = F(a + b) - Fb = Fa$$

となるためである。偶力において，2本の力の作用線を非常に近づけ，$a$ を非常に小さくとれば，あたかもある1点にモーメントが作用しているようにみなすことができる。これを**集中モーメント**（moment load）と呼ぶ。非常に細い径のドライバーで小さなねじを回すイメージである。集中モーメントは**図1.6** のような回転を表す矢印で表現することとする。集中モーメントの大きさと向きは，どのような座標系でみても，またどの点を基準として考えても変わらない。

　物体に力や集中モーメントが作用したとき，物体が静止するためには，力のつり合いに加えて，モーメントもつり合っていなければならない。**図1.7** のように複数の力 $\boldsymbol{F}_i$ と集中モーメント $M_j$ を受ける物体を考えてみよう。力のつり合い式は，それぞれの力を $x$ 方向成分 $F_{x,i}$ と $y$ 方向成分 $F_{y,i}$ に分解して表

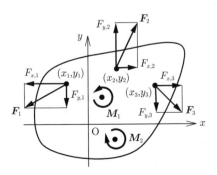

図1.7　任意の力と集中モーメントを受ける物体

現すると

$$\sum_i F_{x,i} = 0, \quad \sum_i F_{y,i} = 0 \tag{1.1}$$

である。つぎにモーメントのつり合いについて考える。原点まわりのモーメントのつり合い式は，それぞれの力の作用点の座標を $(x_i, y_i)$，集中モーメントの大きさを $M_j$ とすると

$$-\sum_i F_{x,i} y_i + \sum_i F_{y,i} x_i + \sum_j M_j = 0 \tag{1.2}$$

となる。静止している物体においては，上の3式が満足されていなければならない。

式 (1.2) は原点まわりで考えたモーメントのつり合い式であるが，上記の3式が満足されていれば，他のどの点まわりのモーメントのつり合いも自動的に満足される。なぜならば，例えば原点を $(x_0, y_0)$ だけ移動したとすると，新しい原点まわりのモーメントは

$$-\sum_i F_{x,i}(y_i - y_0) + \sum_i F_{y,i}(x_i - x_0) + \sum_j M_j =$$

$$-\sum_i F_{x,i} y_i + \sum_i F_{y,i} x_i + \sum_j M_j + y_0 \sum_i F_{x,i} - x_0 \sum_i F_{y,i}$$

となるが，式 (1.1)，(1.2) によりこれが 0 となるためである。言い換えれば，モーメントのつり合い式はどの点のまわりで立ててもかまわない。

## 1.2　合力と合モーメント

複数の力は，それと同じ作用をする一つの力に合成することができる。これを**合力**（resultant force）という。また，複数の力によるモーメントを合成したものを**合モーメント**（resultant moment）という。

**図 1.8** のような複数の力 $\boldsymbol{F}_i$ を考える。それぞれの力の大きさを $F_i$ とする。この場合，力の向きは同一なので，合力を $\boldsymbol{F}$ とすると，その大きさは単純に

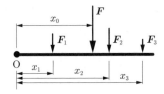

図 1.8 合力とその作用位置

$F = \sum_i F_i$ となる。

つぎにモーメントについて考えてみる。複数の力 $F_i$ による点 O まわりの合モーメントは $\sum_i F_i x_i$ で表される。一方，合力の作用位置を $x_0$ とすると，合力によるモーメントは $F x_0$ となる。両者が等しいとおくと

$$Fx_0 = \sum_i F_i x_i \quad \Rightarrow \quad x_0 = \frac{\sum_i F_i x_i}{F} = \frac{\sum_i F_i x_i}{\sum_i F_i}$$

が得られる。よって，この位置に合力を作用させれば，複数の力 $F_i$ による作用（力とモーメント）を一つの力で与えることができる。上記は点 O まわりのモーメントで考えたが，どの点まわりで考えても結果は同じになる。また，任意の方向を向く力の合力とその作用位置を求めたい場合には，力を $x$ 方向成分と $y$ 方向成分に分けた後，それぞれの方向について上記の計算をすればよい。

なお，図 1.5 に示す偶力の場合には，複数の力の合力が 0 となっても，それによる合モーメントは 0 にならない点には注意が必要である。

## 1.3 反 力

図 1.7 のような状態においても力とモーメントがつり合っていれば物体は静止するが，このように空中に浮いたような物体のつり合いを取り扱う問題はまれである。実際には，物体を何らかの方法で支持した上で，力やモーメントを作用させる。力学では，物体を支持することを，自由度を拘束するともいう。自由度（degree of freedom）とは物体が動き得る方向や角度のことであり，並進（平行移動）と回転とがある。3 次元空間においては，3 方向への並進と，三つの軸まわりの回転が可能であるので，計六つの自由度がある。

　物体の自由度をまったく拘束しない状態で外力をかけると物体はどこかに飛んでいってしまうが，物体内の一点または数点を拘束して外力を作用させればそのようなことは起こらない。自由度を拘束する点を**支点**（support）という。しかし，自由度を拘束するということは，本来生じるべき動きを抑え込むということであるから，支点には何らかの力が生じているはずである。このような力を**反力**（reaction force）という。物体を拘束した状態で外力を作用させると，支点に反力が生じる。外力と反力は，全体としてつり合っていなければならない。あるいは，外力とのつり合いが保たれるように反力が発生すると考えてもよい。

　自由度に対応して反力にも六つの成分がある。反力は拘束されている自由度に対応するもののみが発生し，拘束されてない自由度に対する反力は生じない。例えば水平方向への移動を拘束している支点においては，反力として水平方向の力が生じる。回転を拘束している支点においては，反力として集中モーメントが生じる。これを**反力モーメント**（reaction moment）と呼ぶ。

　物体の自由度がある平面内に限られる場合，すなわち2次元問題では，自由度は2方向への並進と，平面に垂直な軸まわりの回転の三つとなる。2次元問題において，それぞれの自由度を拘束することを，一般には**表1.1**のような記号で表す。(a) は鉛直方向の移動のみを拘束する支点の記号であり，水平移動と回転は自由である。この支点において発生し得るのは鉛直方向反力のみである。(b) は鉛直方向の移動に加えて水平方向の移動も拘束する支点の記号であ

**表 1.1**　拘束点の種類

| 種別 | (a) ピンローラー支点 | (b) ピン支点 | (c) 固定支点 |
|---|---|---|---|
| 記号 | | | |
| 生じ得る反力 | | | |

る。回転は拘束されない。この支点では鉛直方向反力，水平方向反力が生じ得る。なお，(a)，(b) のように回転が自由な支点を**ヒンジ**（hinge）という。(c) は水平移動，鉛直移動，回転のすべてを拘束する支点の記号である。この場合には，水平方向反力，鉛直方向反力，反力モーメントが生じ得る。

　例として**図 1.9** に示す部材を考えてみよう。細長い棒状の部材が水平に置かれて支持され，鉛直方向に力を受けている。このような部材を**はり**（梁, beam）という。

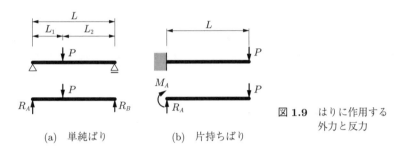

(a)　単純ばり　　　　　　(b)　片持ちばり

**図 1.9**　はりに作用する外力と反力

　図 (a) に示すはりは，一端がピン支持，他端がピンローラー支持されている。このような支持条件を有するはりを**単純ばり**（simply supported beam, simple beam）という。このはりの途中に鉛直下向きに外力 $P$ を作用させることを考える。この例の場合には，両支点の鉛直移動を拘束しているので，支点に鉛直方向の反力が生じる。ここでは図のように上向きの反力を正として考えてみる。これを $R_A$，$R_B$ とすると，力のつり合いより

$$R_A + R_B - P = 0 \tag{1.3}$$

が成り立つ。つぎに，モーメントのつり合いを考えよう。基準とする点はどこでもよいが，例えば左端を基準にして，はりを反時計回りに回転させようとする力を正とすると

$$R_A \times 0 - P \times L_1 + R_B \times (L_1 + L_2) = -PL_1 + R_BL = 0 \tag{1.4}$$

が成り立つ。式 (1.3)，(1.4) より

$$R_A = \frac{L_2}{L}P, \quad R_B = \frac{L_1}{L}P \tag{1.5}$$

として反力が求められる。左端以外の点を基準にしてモーメントのつり合い式
を立てても同じ結果が得られるので，各人で確認されたい。

　つぎに，図 1.9(b) に示すようなはりを考える。これは部材の一端が固定され
ているはりであり，**片持ちばり**（cantilever beam）と呼ぶ。固定されている端
を固定端，他端を自由端と呼ぶ。固定端では表 1.1(c) で説明したように，水平
方向反力，鉛直方向反力，反力モーメントが生じ得る。片持ちばりの自由端に
鉛直下向きの外力 $P$ が作用しているものとする。この場合，水平方向には力は
作用していないから，固定端の水平方向反力は 0 である。固定端には鉛直上向
きの反力が生じ，力のつり合いより

$$R_A - P = 0$$

となる。しかし，外力と鉛直反力だけでは，はりが回転してしまうことになる。
この回転を拘束するためには，固定端において反力モーメントが生じていると
考えなければならない。反力モーメントを $M_A$ とし，図に示す向きを正として
考えると，固定端まわりのモーメントのつり合いより

$$R_A \times 0 + M_A + P \times L = 0$$

となる。以上より

$$R_A = P, \quad M_A = -PL$$

が得られる。

　このように，静止している物体に作用している力およびモーメントがつり合っ
ている（和が 0 である）として，反力を求めるのが，構造解析の第一歩である。

## 1.4 内力（断面力）

部材に外力が作用すると，それによる**応答**（response）として，部材の内部に力やモーメントが生じる。これを**内力**（internal force）という。外力は目に見えるのでイメージしやすいが，内力は見えないため，すぐにはピンとこないかもしれない。しかし，内力は目で見ることはできなくても，感じることはできる。例えば水を満たしたバケツを持ち上げた場合，腕には引っ張られる力を感じることができるであろう。これが引張力という内力である。あるいは，ゴルフクラブのグリップを握り，クラブを水平に保持したとする。このとき，握り部には，クラブヘッドが下向きに回転しようとする動きに抵抗する力を加えなければならない。これが，物を回転させようとする力，モーメントという内力である。

さて，図 1.10(a) のように，先端に重さ $W$ のおもりが取り付けられた棒が天井に固定されて静止しているとする。ただし，棒は軽く，その重さは無視できるものとする。この場合，おもりの重さは棒に外力として作用し，それにより棒には内力が生じる。内力を理解しやすくするために，図 (b) のように，ある位置で棒を仮想的に切断してみよう。本当に切ってしまうと物体の下半分は

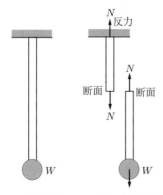

(a) 全体形状　(b) 棒の仮想的な切断

**図 1.10** 棒に作用する力

落下してしまうので，天井からぶら下がって静止している状態を表現するためには，仮想的に切断した断面に何らかの力を与えなければならない。その力と外力とがつり合って，下半分の物体が静止していると考える。

　仮想的に切断した断面に生じている力を**断面力**（section force）という。これを $N$ とすれば，それは重力 $W$ を打ち消すように，鉛直上向きに同じ大きさで生じていなければならない。すなわち $N = W$ である。また，図に示すように，相対する物体の二つの切断面においては，作用・反作用の法則により等値逆向きの断面力が生じている。

　このように，仮想的な切断面を設定することで，内力が断面力として表現できるようになり，また，力のつり合い式を具体的に記述できるようになる。

　仮想的に切断された物体は**自由物体**（自由体，free body）と呼ばれる。つり合い状態にある物体においては，それから切り出した自由物体に作用する力（断面力，外力，反力）もつり合っている。この原理は，自由物体をどのように切り出しても成立する。着目する位置で仮想的に切断して自由物体をつくり，自由物体に作用する力がつり合っているとして断面力（内力）を求める。これは力学の常套手段であり，今後あらゆる場面で用いることになるので，早く慣れるようにしよう。

## 1.5　断面力の種類と正負

　前述のように，物体を仮想的な断面で切断したときに，その面に生じている内力のことを断面力という。断面力には，軸力，せん断力，曲げモーメント，ねじりモーメントの四つがある。**図 1.11** に示すように，部材の長手方向に $x$ 軸

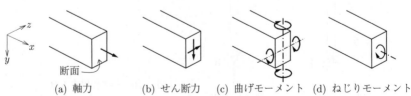

(a) 軸力　　　(b) せん断力　　(c) 曲げモーメント　(d) ねじりモーメント
**図 1.11**　断面力の種類

を，それに垂直な断面内に $y$ 軸と $z$ 軸をとって説明しよう。

　図 (a) のように，$x$ 軸方向，すなわち断面に垂直な方向に働く力を**軸力**（axial force）という。前節の $N$ は軸力の例である。軸力には断面を引っ張ろうとする**引張力**（tensile force）と，押しつけようとする**圧縮力**（compressive force）がある。図 (b) のように，断面上において，断面に平行な方向（$y$–$z$ 平面内）に働く力を**せん断力**（shear force）という。**曲げモーメント**（bending moment）は断面を面外方向に回転させようとする内力であり，図 (c) に示す $y$ 軸まわりのモーメントや $z$ 軸まわりのモーメントをさす。**ねじりモーメント**（torsional moment, torque）は断面を面内で回転させようとする内力であり，図 (d) に示すように断面を $x$ 軸まわりに回転させようとするモーメントである。

　軸力とせん断力は N（ニュートン）や kN（キロニュートン）などの単位で表される。曲げモーメントとねじりモーメントの単位は，例えば N·m，kN·m など，力 × 距離である。純粋な意味の「力」とは異なる単位を持つが，断面力という場合にはこれらのモーメントも含めるのが通例である。

　それぞれの断面力が生じた場合の部材の変形のイメージを**図 1.12** に示す。この図を用いて，断面力の正負について説明しておく。軸力は引張りを正，圧縮を負とする。せん断力，曲げモーメント，ねじりモーメントについては，図に示している向きを正とする。すなわち，せん断力は，左上がり・右下がりとな

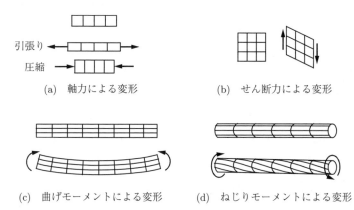

(a) 軸力による変形　　　　　　(b) せん断力による変形

(c) 曲げモーメントによる変形　(d) ねじりモーメントによる変形

**図 1.12**　断面力による変形のイメージ

る向きを正とする。曲げモーメントは，下に凸になるような湾曲を引き起こす向きを正とする。ねじりモーメントは，左側が奥に，右側が手前に変形する向きを正とする。

## 1.6　断面力の求め方

断面力を求めるには，着目する位置で部材を仮想的に切断して自由物体を作り，そのつり合いを考えればよい。

図 1.13(a) に示す単純ばりを考える。左右の支点反力 $R_A$, $R_B$ は式 (1.5) に示したように

$$R_A = \frac{L_2}{L}P, \quad R_B = \frac{L_1}{L}P$$

である。

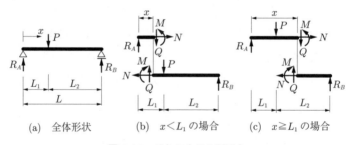

| (a)　全体形状 | (b)　$x < L_1$ の場合 | (c)　$x \geq L_1$ の場合 |

図 1.13　はりに生じる断面力

左端から右に向かって $x$ 軸をとる。$x$ の位置にある断面に生じる断面力を求めてみよう。はりを仮想的に切断し，その断面の軸力，せん断力，曲げモーメントを $N$, $Q$, $M$ とする。

まず，このはりに水平方向の力は作用していないので，$N = 0$ である。つぎに，鉛直方向の力のつり合いを考えよう。$x < L_1$ の場合には，図 (b) のように切断して，左部分におけるつり合いを考えると

$$Q = R_A = \frac{L_2}{L}P \tag{1.6}$$

となり，せん断力が求められる。$x \geq L_1$ の場合には，図 (c) に示すように切断し，やはり左部分の力のつり合いを考えると

$$Q = R_A - P = \frac{L_2}{L}P - P = -\frac{L_1}{L}P \tag{1.7}$$

となる。

つぎにモーメントのつり合いを考えよう。左部分の切断面まわりのモーメントのつり合いにより，$x < L_1$ の場合には

$$M = R_A x = \frac{L_2}{L}Px \tag{1.8}$$

$x \geq L_1$ の場合には

$$M = R_A x - P(x - L_1) = \frac{L_1}{L}P(L - x) \tag{1.9}$$

として曲げモーメントが求められる。右部分に着目してつり合い式を立てても同じ答えが得られるので，各人で確認されたい。

図 1.14 は，鉛直方向に断面力の大きさを表す軸をとり，はりの各位置での断面力の大きさを連続的に図示したものである。図 (a) は式 (1.6)，(1.7) で表されるせん断力を，図 (b) は式 (1.8)，(1.9) で表される曲げモーメントを図示したものであり，このような図をそれぞれ**せん断力図**（Q 図，shear force diagram, SFD），**曲げモーメント図**（M 図，bending moment diagram, BMD）という[†]。正負のとり方にはいくつかの流儀があるが，ここではせん断力図，曲げモーメント図とも下側に正をとって描いている。

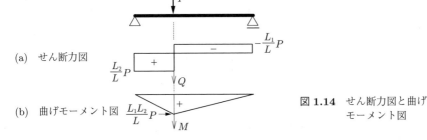

(a)　せん断力図

(b)　曲げモーメント図

**図 1.14** せん断力図と曲げ
モーメント図

---

[†]　軸力について描かれたものは**軸力図**（N 図，axial force diagram, AFD）という。

## 1.7 分布荷重の取扱い

前節での荷重 $P$ のように，ある一点に作用する荷重を**集中荷重**（concentrated load）という。例えば橋上に載った自動車荷重などがこれに該当する。

一方で，はりの自重のように，ある区間にわたって連続的に作用する荷重もあり，これを**分布荷重**（distributed load）という。分布荷重の大きさは単位長さ当りの力，例えば N/m や kN/m などで表される。単位長さ当りの力の大きさが一定な分布荷重は等分布荷重という。

**図 1.15** は分布荷重 $q(x)$ を受けているはりを示している。まず，分布荷重の合力と合モーメントを計算してみよう。モーメントは左端まわりで考えることにする。

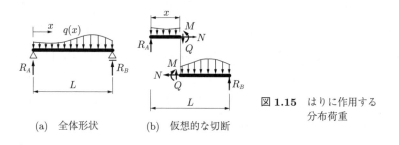

(a) 全体形状    (b) 仮想的な切断

**図 1.15** はりに作用する分布荷重

はりの左端から $x$ 軸をとり，$x$ と $x + dx$ で区切られる微小区間を考える。$q(x)$ は単位長さ当りの力なので，微小区間 $dx$ に作用している力は $q(x)dx$，それによる左端まわりのモーメントは $x \cdot q(x)dx$ となるから，分布荷重の合力と合モーメントの大きさは

$$P_q = \int_0^L q(x)dx, \quad M_q = \int_0^L x \cdot q(x)dx \tag{1.10}$$

となる。

つぎにはりの反力を求めてみる。左右の支点反力を $R_A$，$R_B$ とすると，鉛直方向の力のつり合いと，左端まわりのモーメントのつり合いより

$$R_A + R_B = P_q, \quad R_B \times L = M_q$$

が得られる。これらより

$$R_B = \frac{M_q}{L} = \frac{1}{L}\int_0^L x{\cdot}q(x)dx, \quad R_A = P_q - R_B = \frac{1}{L}\int_0^L (L-x){\cdot}q(x)dx$$

であることがわかる。

　反力がわかったので，左端から $x$ の位置にある断面の断面力を求めてみよう。図 1.15(b) に示すようにはりを切断し，左側部分のつり合いを考えてみる。**図 1.16** ははりの左側部分を拡大して示したものであり，図に示すように座標を決めると，せん断力は

$$Q = R_A - \int_0^x q(\xi)d\xi$$

と求めることができる。また，切断面まわりのモーメントのつり合いより，曲げモーメントは

$$M = R_A x - \int_0^x (x - \xi) \cdot q(\xi)d\xi$$

となる。

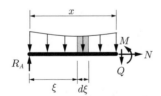

**図 1.16**　分布荷重を受ける
はりのつり合い

## 1.8　荷重，せん断力，曲げモーメントの関係

　はりに作用する分布荷重，それによって生じるせん断力，曲げモーメントは，じつは微分関係で結ばれている。それぞれの単位は，例えば kN/m, kN, kN·m であり，長さの次元が一つずつ異なっていることから，この時点でどのような関係か類推がつくかもしれないが，以下で具体的にみていくことにしよう。

図1.17は分布荷重を受けているはりから，$x$ と $x + dx$ の位置で切り取った微小区間を示したものである。左側の断面のせん断力を $Q(x)$，右側の断面のせん断力を $Q(x + dx)$ とする。右側断面のせん断力はテイラー展開により

$$Q(x + dx) = Q(x) + \frac{dQ(x)}{dx}dx + \frac{1}{2}\frac{d^2Q(x)}{dx^2}dx^2 + \cdots$$

となるが，$dx$ を十分に小さくとれば右辺の第3項以降は無視できるので

$$Q(x + dx) = Q(x) + \frac{dQ(x)}{dx}dx$$

としてよい。ここでは上式の右辺を簡単に $Q + \frac{dQ}{dx}dx$ とし，右側断面のせん断力をそのように表すことにする。

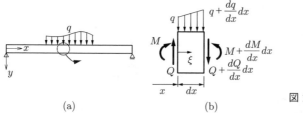

(a)　　　　　　　(b)　　　　　　図 1.17　はりの微小区間

曲げモーメントについても同様に，左側の断面の曲げモーメントを $M$，右側断面のそれを $M + \frac{dM}{dx}dx$ とする。はりに作用している分布荷重についても，左側断面位置で $q$，右側断面位置で $q + \frac{dq}{dx}dx$ とする。左側断面から $\xi$ の位置での分布荷重の大きさは $q + \frac{dq}{dx}\xi$ と表される。

ここで力のつり合いを考えてみる。鉛直方向の力のつり合いより

$$\left(Q + \frac{dQ}{dx}dx\right) - Q + \int_0^{dx}\left(q + \frac{dq}{dx}\xi\right)d\xi = 0$$

が得られる。これを計算すると

$$\frac{dQ}{dx}dx + qdx + \frac{dq}{dx}\frac{dx^2}{2} = 0 \quad \Rightarrow \quad \frac{dQ}{dx} = -q - \frac{dq}{dx}\frac{dx}{2}$$

であり，$dx \to 0$ では

$$\frac{dQ}{dx} = -q \tag{1.11}$$

となる。これがせん断力と分布荷重の関係である。

つぎに，左側断面位置まわりのモーメントのつり合いを考えてみよう。

$$\left(M + \frac{dM}{dx}dx\right) - M - \left(Q + \frac{dQ}{dx}dx\right)dx - \int_0^{dx}\left(q + \frac{dq}{dx}\xi\right)\xi d\xi = 0$$

であり，これを計算すると

$$\frac{dM}{dx}dx - Qdx - \frac{dQ}{dx}dx^2 - q\frac{dx^2}{2} - \frac{dq}{dx}\frac{dx^3}{3} = 0$$

となる。少し整理すると

$$\frac{dM}{dx} = Q + \frac{dQ}{dx}dx + q\frac{dx}{2} + \frac{dq}{dx}\frac{dx^2}{3}$$

となるが，$dx \to 0$ では

$$\frac{dM}{dx} = Q \tag{1.12}$$

となる。これが曲げモーメントとせん断力の関係である。

---

**例題 1.1** 図 **1.18** に示すように，単純ばりに三角分布荷重と集中荷重が同時に作用している。このはりのせん断力および曲げモーメントを求めよ。

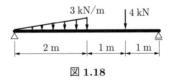

図 **1.18**

---

【解答】 左端から右向きに $x$ 軸（単位：m）をとって考える。まず，反力を求める。左右の支点反力をそれぞれ $R_A$，$R_B$ とすると，鉛直方向の力のつり合いより

$$R_A + R_B = \int_0^2 \frac{3}{2}\xi d\xi\,[\mathrm{kN}] + 4\,\mathrm{kN} = 3\,\mathrm{kN} + 4\,\mathrm{kN} = 7\,\mathrm{kN}$$

左端まわりのモーメントのつり合いより

$$R_B \times 4\,\mathrm{m} = \int_0^2 \frac{3}{2}\xi^2 d\xi\,[\mathrm{kN \cdot m}] + 4\,\mathrm{kN} \times 3\,\mathrm{m} = 16\,\mathrm{kN \cdot m}$$

以上より，$R_A = 3\,\mathrm{kN}$, $R_B = 4\,\mathrm{kN}$。

せん断力〔kN〕は

$$
Q = \begin{cases}
R_A - \displaystyle\int_0^x \frac{3}{2}\xi d\xi = 3 - \frac{3}{4}x^2 & (0 \leq x \leq 2) \\[3mm]
R_A - \displaystyle\int_0^2 \frac{3}{2}\xi d\xi = 0 & (2 \leq x \leq 3) \\[3mm]
R_A - \displaystyle\int_0^2 \frac{3}{2}\xi d\xi - 4 = -4 & (3 \leq x \leq 4)
\end{cases}
$$

曲げモーメント〔kN·m〕は

$$
M = \begin{cases}
R_A x - \displaystyle\int_0^x \frac{3}{2}\xi(x-\xi)d\xi = 3x - \frac{1}{4}x^3 & (0 \leq x \leq 2) \\[3mm]
R_A x - \displaystyle\int_0^2 \frac{3}{2}\xi(x-\xi)d\xi = 4 & (2 \leq x \leq 3) \\[3mm]
R_A x - \displaystyle\int_0^2 \frac{3}{2}\xi(x-\xi)d\xi - 4(x-3) = -4x + 16 & (3 \leq x \leq 4)
\end{cases}
$$

上記の結果が式 (1.12) に従っていることを確認しよう。

　分布荷重の合力とその作用位置を求め，分布荷重を集中荷重に置き換えて計算してもよい。分布荷重の合力の大きさは

$$
\int_0^2 \frac{3}{2}\xi d\xi = 3\,\mathrm{kN}
$$

作用位置は，左端を起点にとると，式 (1.3) より

$$
x_0 = \frac{\displaystyle\int_0^2 \frac{3}{2}\xi^2 d\xi}{\displaystyle\int_0^2 \frac{3}{2}\xi d\xi} = \frac{4}{3}\,\mathrm{m}
$$

となるので，図 **1.19** に示す系について解けばよい。ただし，分布荷重が作用している区間（$0 \leq x \leq 2$）の断面力を求める際には，上記の合力は使えないことに注意が必要である。

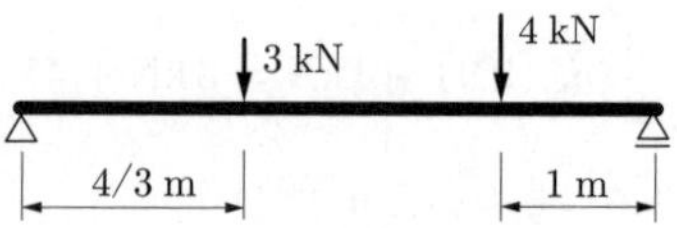

図 **1.19**

◇

# 章 末 問 題

【1】 図 1.20 に示すはりに生じる支点反力を求めよ。

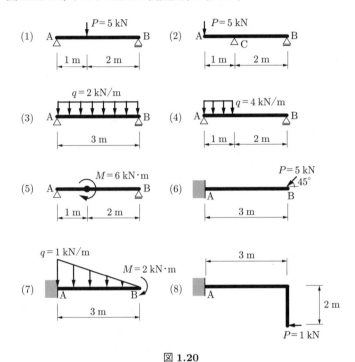

**図 1.20**

【2】 前問に示すはりの曲げモーメント図，せん断力図を描け。

# 2 応力とひずみ

## 2.1 応 力 と は

腕でものを持ち上げようとする際，ものが重ければ重いほど「しんどい」状態になる。これを「力学的に厳しい」状態と表現することにしよう。いま，おもりがひもで吊り下げられているとする。ひもの太さが一定であれば，おもりが重いほど，ひもは力学的に厳しい状態になる。これは作用する力が大きくなるということで説明できる。一方，おもりの重さが一定であれば，用いるひもが細いほど，ひもが力学的に厳しい状態になることは直感的にわかるであろう。しかし，おもりの重さは同一であるので，力を考えるだけでは力学的な厳しさは表現できない。

そこで，単位面積当りにかかる力という概念が出てくる。単位面積当りの力は「力/断面積」により計算することができ，この値は細いひもの方が大きくなるので，これによって力学的な厳しさを表現できそうである。この新しい指標「単位面積当りの力＝力/断面積」について，もう少し考察してみる。

ある断面に軸力 $N$ が作用しているとする（図 1.10(b) 参照）。この断面を微小領域の集合体であると考える。$N$ は断面全体に作用している力であるが，**図 2.1** に示すイメージのように，実際には断面内のそれぞれの微小領域が少しずつ力を負担している。微小領域が負担している力を $dN$，その面積を $dA$ とする。

ここで，単位面積当りの力として，式 (2.1) によって応力（stress）を定義する[†]。

---

[†] 本来，応力は内力の概念を指し，その度合いを応力度（stress intensity）と呼ぶが，応力度を単に応力と呼ぶことも多いので，本書ではそれに従う。

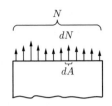

**図 2.1**　断面内の力の分布

$$\sigma = \lim_{dA \to 0} \frac{dN}{dA} \tag{2.1}$$

応力は，物体内の各点が負担している単位面積当りの力を意味しており，その点の力学的な厳しさ（しんどさ）を表す力学指標であると理解してよい。

　応力の単位としては $N/m^2$（$= Pa$，パスカル），$N/mm^2$（$= MPa$，メガパスカル）などがよく用いられる。これらは圧力の単位と同じであるが，一般に構造物にとって圧力は外力であり，応力は内力である。

　繰返しになるが，応力は「点」に対して定義される力学量である。力を受けている物体では，表面や内部のすべての点において応力が生じる。**図 2.2** は，ある断面に着目し，その断面に対して垂直な方向に応力の大きさを表す軸をとり，断面内の各位置の応力の大きさを連続的に示したものであり，これを**応力分布**（stress distribution）という。図 2.1 における矢印の先端を結んだものだと考えればよい。図 (a) は太さが均一な棒を上下に引っ張った場合の応力分布であり，断面内のすべての位置の応力は等しくなる。このような応力は**一様応力**（uniform stress）と呼ばれる。しかし，応力はいつも断面内で均一だとは限らない。図 (b) は断面に曲げモーメントが作用している場合の応力分布であり，

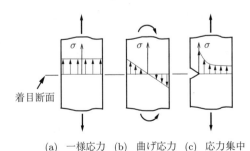

着目断面

(a)　一様応力　(b)　曲げ応力　(c)　応力集中
**図 2.2**　応力分布の例

断面内で応力の大きさが直線的に変化する。図 (c) は切欠きを有する棒を上下に引っ張った場合の応力分布であり，切欠きのある断面において局所的に大きな応力が生じる現象を示しており，これを**応力集中**（stress concentration）という。

このように，応力は，物体の形状や外力のかかり方によってさまざまな分布や値をとる。具体的な応力の求め方は次章以降で順次説明する。

## 2.2　応力の種類

断面力には軸力，せん断力，曲げモーメント，ねじりモーメントの 4 種類があった。では，応力にはどのような種類があるであろう。

まず，軸力を受ける物体について考えてみる。軸力は断面に対して垂直な方向の力なので，それによって生じる応力も断面に垂直な方向に生じ，物体の力学状態は**図 2.3**(a) のようになる。このように，面に垂直な方向の応力を，**垂直応力または直応力**（normal stress）という。引張力によって生じる垂直応力は引張応力（tensile stress），圧縮力によるそれは**圧縮応力**（compressive stress）と呼ばれる。一般には引張応力を正で，圧縮応力を負で表す。

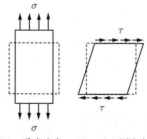

(a)　垂直応力　(b)　せん断応力　　**図 2.3**　応力の種類

つぎに，せん断力を受ける物体について考える。せん断力は断面に平行な方向に作用する力であるので，それによって生じる応力も図 2.3(b) のように面に平行に生じる。これを**せん断応力**（shear stress）という。

　応力には，垂直応力とせん断応力の 2 種類しかない。曲げモーメントやねじりモーメントに対応する「応力」はない。これは，式 (2.1) からわかるように，応力は，極限まで小さくした微小領域に対して定義されるものであるため，力の作用点までの距離が 0 となり，モーメントが生じ得ないためであると考えればよい。しかし，後述するように，曲げモーメントは断面に垂直応力を，ねじりモーメントはせん断応力を生じさせる内力（断面力）であり，いずれも部材の力学挙動に大きな影響を及ぼす。

　以下，垂直応力は $\sigma$ で，せん断応力は $\tau$ で表すこととする。

## 2.3　応力と断面力の関係

　応力は，断面に作用する断面力に応じて，断面の微小領域に発生するものであるから，応力と断面力の間にはある関係がなければならない。結論からいえば，応力から計算される断面内の合力または合モーメントが，断面力（力またはモーメント）に等しくなければならない。

　図 2.4 は断面に生じている垂直応力分布の例である。断面の法線方向に $x$ 軸を，断面内に $y$–$z$ 座標系をとっている。まず，軸力と垂直応力の関係をみてみる。軸力を $N$ とする。垂直応力は断面内の位置 $(y, z)$ の関数であるが，ここでは簡単に $\sigma$ と表すことにする。単位面積当りの力 $\sigma$ に微小領域の面積 $dA$ を乗じると，微小領域が負担している力 $dN = \sigma dA$ となる。それを全断面にわたって足し合わせた合力は軸力 $N$ に一致しなければならないから

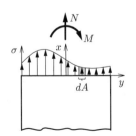

図 2.4　垂直応力分布の例

$$N = \int_A dN = \int_A \sigma dA \tag{2.2}$$

でなければならない。ただし，$\displaystyle\int_A$ は全断面にわたって積分することを表す。これが軸力と垂直応力の関係である。

せん断力 $Q$ とせん断応力 $\tau$ の関係については，力の方向が面に平行である点を除けば上と同様であり

$$Q = \int_A \tau dA$$

の関係がある。

曲げモーメントと応力の関係はどうであろうか。図 2.4 に示すように，$z$ 軸まわりに作用する曲げモーメントを $M$ とする。原点から $y$ だけ離れた位置にある微小領域の面積を $dA$ とすると，その微小領域に生じている力は $\sigma dA$ であり，それによる原点まわりのモーメントは $y \cdot \sigma dA$ となる。これを断面全体にわたって足し合わせた合モーメントが曲げモーメントに等しくなければならないので

$$M = \int_A y \cdot \sigma dA \tag{2.3}$$

でなければならない。これが曲げモーメントと応力との関係式である。

最後にねじりモーメントと応力の関係である。ねじりモーメント $M_t$ を受ける部材の断面には，せん断応力が生じる。$y$ 軸方向のせん断応力を $\tau_{xy}$，$z$ 軸方向のせん断応力を $\tau_{xz}$ とすると

$$M_t = \int_A (-z \cdot \tau_{xy} + y \cdot \tau_{xz}) dA$$

の関係がある。詳しくは 6 章で述べる。

## 2.4　ひ ず み と は

　物体に力が作用すると変形を生じる。これはゴムやスポンジなどの柔らかいものでは容易に観察できるが，硬そうに見えるものでも，細かく計測してみると目に見えない程度の小さな変形が生じている。

　軸力により生じる変形には，引張力を受ける場合の伸びと，圧縮力を受ける場合の縮みがある。この変形の度合いは，単位長さ当りの変形量（伸びまたは縮み）として定義される。簡単にいえば長さの変化率である。

　図 2.5(a) に示すように，元の長さ $L_0$ の物体に力をかけたところ，長さが $L$ になったとする。このとき，長さの変化量は $\Delta L = L - L_0$ であり，これを伸び（elongation）と呼ぶ。縮む場合には負の伸びとして扱われる。単位長さ当りの伸び，すなわち長さの変化率は

$$\varepsilon = \frac{L - L_0}{L_0} = \frac{\Delta L}{L_0} \tag{2.4}$$

で表される。この $\varepsilon$ を垂直ひずみ，直ひずみ（normal strain）という。伸びるときのひずみを引張ひずみ（tensile strain），縮むときのひずみを圧縮ひずみ（compressive strain）という。応力に対応させ，ここでは引張ひずみを正で，圧縮ひずみを負で表すこととする。

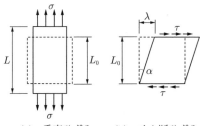

(a)　垂直ひずみ　　(b)　せん断ひずみ

図 2.5　ひずみの種類

　せん断力によって生じる変形を図 2.5(b) に示す。このような変形の程度を表す指標としては，図中に示す $\lambda$ を辺の長さ $L_0$ で除した

$$\gamma = \frac{\lambda}{L_0} \tag{2.5}$$

を用いる。これを，**せん断ひずみ** (shear strain) という。一般にひずみは微小
であるので，せん断ひずみは

$$\gamma - \frac{\lambda}{L_0} = \tan\alpha \simeq \alpha$$

とも表される。すなわち，せん断ひずみとは，力を受けて変形した物体の角度
の変化量を意味する。

　式からわかるように，垂直ひずみ，せん断ひずみとも，長さを長さで除した
量であるので無次元量であり，単位はない。また，構造物に使われる材料のひ
ずみは μ（$10^{-6}$，マイクロ）のオーダーで表されることが多い。

## 2.5　応力とひずみの関係（その1）

　外力をかけると物体は変形するが，その外力を除くと元の形に戻る性質を**弾
性** (elasticity) といい[†1]，弾性を有する物体を弾性体という。また，弾性体の
中で，**応力とひずみの関係** (stress-strain relationship) が比例関係にあるもの
を**線形弾性体** (linear elastic body) といい[†2]，その比例定数を**弾性係数** (elastic
modulus) という。本書では線形弾性体のみを取り扱う。

　1方向にのみ垂直応力が生じている場合，線形弾性体では垂直応力 $\sigma$ と垂直
ひずみ $\varepsilon$ につぎの比例関係がある。

$$\sigma = E\varepsilon \tag{2.6}$$

比例定数の $E$ は縦弾性係数 (modulus of longitudinal elasticity)，**ヤング係
数，ヤング率** (Young's modulus) などと呼ばれる。単に弾性係数と呼ばれる
ことも多い。

---

[†1]　外力を除いても変形が残る性質は**塑性** (plasticity) という。
[†2]　応力とひずみが非線形関係である弾性体は**非線形弾性体** (nonlinear elastic body) と
　　　呼ばれ，ゴムなどが該当する。

線形弾性体では，せん断応力 $\tau$ とせん断ひずみ $\gamma$ も比例関係にある。

$$\tau = G\gamma \tag{2.7}$$

$G$ はせん断弾性係数（modulus of shear elasticity），横弾性係数などと呼ばれる。

式 (2.6), (2.7) からわかるように弾性係数は応力と同じ単位を持つ。弾性係数は重要な材料定数の一つである。おもな材料の弾性係数を**表 2.1** に示しておく。

**表 2.1**　おもな材料の弾性係数

| 材　料 | $E$〔N/mm$^2$〕 | $G$〔N/mm$^2$〕 |
|---|---|---|
| 軟　鋼 | 201 000〜206 000 | 81 000〜82 000 |
| 銅　棒 | 103 000〜119 000 | 38 000〜48 000 |
| アルミニウム | 62 000〜74 000 | 23 000〜26 000 |
| コンクリート | 20 000 | - |

式 (2.6), (2.7) の関係は**フック則**（Hooke's law）と呼ばれる。多くの材料において，特にひずみが小さい範囲では，フック則に従うとみなしても差し支えないことがわかっており，工学的にはフック則を仮定してさまざまな解析が行われることが多い。

なお，弾性係数が無限大である仮想的な材料を**剛体**（rigid body）という。剛体においては，応力の大きさにかかわらずひずみは 0 であり，どんなに大きな力をかけても変形は生じない。

本書では，以降，$E$ を弾性係数，$G$ をせん断弾性係数と呼ぶことにする。

## 2.6　強 度 と 設 計

どんな構造部材も，大きな外力を受けると破壊してしまう。破壊の発生限界点は応力の単位で表示されることが多く，これを**強度**（strength）という。例えば，橋で使用される鋼材の強度は最も低いもので 400 N/mm$^2$ であり，これは，応力が 400 N/mm$^2$ に達すると破壊してしまうことを示している。

部材に発生する応力は外力に比例して大きくなる。一方，強度は材料に固有

の値である。発生応力が強度に近づくにつれ，力学的に厳しい状態となり，ついには応力が強度に達して破壊に至る。これを防ぐには，部材の太さなどを十分に確保し，大きな外力が作用してもつねに「発生応力 < 強度」となるようにしておかなければならない。これを実現する行為が構造設計である。

　実際には，さまざまな不確定要因によって，発生する応力が想定よりも大きくなってしまったり，部材の強度が想定よりも小さくなってしまう可能性があるため，**安全率**（safety factor）を設定して設計が行われる。例えば強度が $400\,\mathrm{N/mm^2}$ であれば，発生する応力を $200\,\mathrm{N/mm^2}$ 以下に抑えるなどである。この場合，安全率は 2 となる。安全率が高いほど部材に力学的余裕が生まれるが，コストは高くなる。安全率の値は，構造物や部材の特性，外力の特性などを考慮して，構造物の管理者が定める。

## 章 末 問 題

【1】 図 2.6 に示すような鋼製の段付き丸棒がある。$\phi$ は直径を表し，例えば $50\phi$ は直径が $50\,\mathrm{mm}$ であることを表している。この棒に引張力 $100\,\mathrm{kN}$ が作用するときの棒全体の伸びを求めよ。ただし，垂直応力は，引張力を断面積で除して求めてよい。また，弾性係数は $E = 2.0 \times 10^5\,\mathrm{N/mm^2}$ とする。

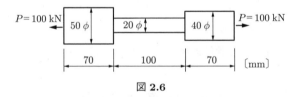

図 2.6

【2】 図 2.7 は，はりを真横から見た側面図であり，垂直応力分布を示している。はりの断面は長方形であり，高さ $400\,\mathrm{mm}$，幅（紙面垂直方向の長さ）$100\,\mathrm{mm}$ である。これについてつぎの問に答えよ。ただし，応力は幅方向には同一であるとしてよい。

(1) 図 (a) に示す応力が生じているとき，軸力 $N$ を求めよ。

(2) 図 (b) に示す応力が生じているとき，曲げモーメント $M$ を求めよ。ただし，曲げモーメントは断面の中央点まわりのモーメントとして計算して

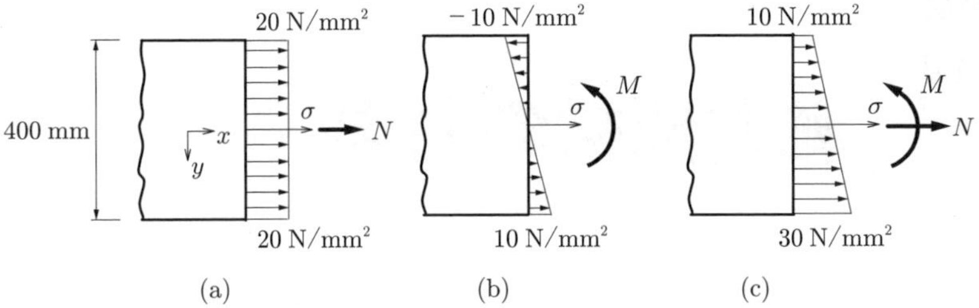

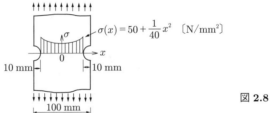

図 2.7

よい。

(3) 図 (c) に示す応力が生じているとき，軸力 $N$ および曲げモーメント $M$ を求めよ。ただし，曲げモーメントは断面の中央点まわりのモーメントとして計算してよい。

【3】 図 2.8 のように，幅 100 mm，厚さ 10 mm の帯板の両縁に半径 10 mm の半円切欠きが設けられている。この板に引張力を作用させたところ，切欠き底を通る断面（$x$ 軸に沿った断面）において図に示すような垂直応力分布が観察されたという。作用させた引張力の大きさはいくらか。ただし，板厚方向には応力は一定であるとしてよい。

$$\sigma(x) = 50 + \frac{1}{40} x^2 \quad [\text{N/mm}^2]$$

図 2.8

【4】 材料に 80 N/mm$^2$ のせん断応力が生じているときのせん断ひずみを求めよ。ただし，せん断弾性係数は $G = 7.7 \times 10^4$ N/mm$^2$ とする。求められたせん断ひずみについて，$\gamma = \tan \alpha \simeq \alpha$ であることを確かめよ。

【5】 円形断面を有するワイヤロープの引張強度を 600 N/mm$^2$ としたとき，安全率を 5 として，120 kN の荷重を吊り下げるのに必要なロープの直径を求めよ。ただし，応力は荷重を断面積で除して求めてよい。また，ロープの自重は無視してよい。

# 3 軸力部材の力学

## 3.1 軸力部材とは

まっすぐな棒状の部材を考える。部材の長手方向を部材軸といい，部材軸方向に軸力を受ける部材を**軸力部材**（axial member）という。引張力を受ける軸力部材は引張部材，圧縮力を受ける軸力部材は圧縮部材とも呼ばれる。圧縮部材は特に**柱**（column）ともいう。引張部材は棒のような硬いものでなく，ひも状のものであってもかまわない。例えば，吊り橋に使われるワイヤケーブルは引張部材である。当然ながら，ひもは圧縮部材として使うことはできない。

## 3.2 軸力部材の応力と変形

図 **3.1** に示すような，先端に重さ $W$ のおもりが吊るされている長さ $L$ の棒を考える。図 (a) は断面が部材軸方向に同一（これを等断面という）である棒を，図 (b) は断面が場所によって変化（これを変断面という）する棒を示している。

さて，棒に生じる軸力を $N$ とする。軸力によって棒には垂直応力が生じるが，この応力の大きさは断面内で均一であり，図 2.2(a) に示す一様応力であると考えてよい。一様応力の場合，式 (2.2) は

$$N = \int_A \sigma dA = \sigma \int_A dA = \sigma A \qquad \Rightarrow \qquad \sigma = \frac{N}{A}$$

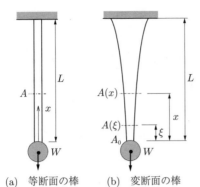

(a)　等断面の棒　　(b)　変断面の棒

**図 3.1**　おもりを吊り下げている棒

となるから，軸力部材の垂直応力は，単純に軸力を断面積で除すことで求められる。これは等断面の棒にも変断面の棒にも共通である。以下，軸力部材の応力と変形について考えていこう。

### 3.2.1　棒の自重が無視できる場合

おもりに比して棒は軽く，棒の自重は無視できるものとする。このとき，棒に生じる軸力を $N$ とすると，$N = W$ となることはすでに述べた。よって，図 3.1(a) に示す等断面の棒では，応力とひずみは棒のどの位置においても

$$\sigma = \frac{N}{A} = \frac{W}{A}, \quad \varepsilon = \frac{\sigma}{E} = \frac{W}{EA}$$

で表される。ただし $A$ は断面積，$E$ は弾性係数である。棒全体の伸びは，ひずみに棒の全長を乗じて

$$\Delta L = \varepsilon L = \frac{WL}{EA}$$

として求められる。分母の $EA$ は**伸び剛性** (extensional rigidity) と呼ばれる[†]。

棒の自重が無視できる場合には，図 (b) に示す変断面の棒においても $N = W$ である。応力とひずみは，棒の下端から上向きに $x$ 軸をとり，任意の位置での断面積を $A(x)$ とすると

---

[†]　剛性は変形のしやすさ／しにくさを表す指標であり，剛性が大きいとは変形しにくいことを表す。

$$\sigma(x) = \frac{N}{A(x)} = \frac{W}{A(x)}, \quad \varepsilon(x) = \frac{\sigma(x)}{E} = \frac{W}{EA(x)}$$

となる。この場合，軸力 $N(=W)$ は部材軸方向にわたって一定であるが，応力やひずみは断面積の関数であり，部材軸方向の位置によって値が異なることに注意しよう。

断面に生じる応力を表現するために，以降において**図 3.2** に示すような表現をしばしば用いるが，この図を見て，力のつり合いとして $\sigma_A = \sigma_B$ とするのは誤りである。正しいつり合い式は，上下断面の断面積をそれぞれ $A_A$, $A_B$ としたとき $\sigma_A A_A = \sigma_B A_B$ である。つり合うのはあくまでも力であり，応力ではないことをしっかりと理解しよう。

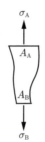

$\sigma_A$

$A_A$

$A_B$

$\sigma_B$

図 **3.2**　変断面部材

つぎに，変断面の棒に生じる伸びを計算してみる。棒の $x$ および $x + dx$ の位置で区切られた微小区間を考え，この区間内のひずみが $\varepsilon(x)$ で一定であるとすると，微小区間の伸びは

$$\varepsilon(x)dx = \frac{W}{EA(x)}dx$$

となる。棒全体の伸びはこれを全長にわたって積分すればよいので，次式となる。

$$\Delta L = \int_0^L \varepsilon(x)dx = \int_0^L \frac{W}{EA(x)}dx = \frac{W}{E}\int_0^L \frac{dx}{A(x)}$$

### 3.2.2　棒の自重が無視できない場合

つぎに，棒の自重が無視できない場合について考えてみる。

　等断面の棒を，図 **3.3** に示すように先端から $x$ の位置で仮想的に切断する。棒の単位体積重量を $w$ とし，断面積を $A$ とすると，棒の単位長さ当りの重さは $wA$ となる。よって，切断箇所から下の部分の，おもりを含むすべての重さは $wAx + W$ である。断面力 $N$ はそれとつり合わなければならないので $N(x) = wAx + W$ となる。よって，断面に生じる応力は

$$\sigma(x) = \frac{N(x)}{A} = \frac{wAx + W}{A} = wx + \frac{W}{A}$$

となる。これは $x$ の 1 次式であり，$x$ が大きくなるほど，すなわち，上にいくほど応力が大きくなることを示している。最大の応力は棒の上端で生じる。

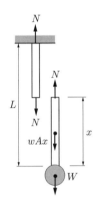

図 **3.3**　軸力部材の仮想的な切断
（自重を考慮する場合）

　この例題では，棒の上端，つまり天井への取付部で応力が最大となるので，もしこの棒が壊れるとすると，その位置はつねに天井への取付部になる。ということは，取付部以外の位置ではもっと棒を細くすることができるのではないだろうか。それができれば使用する材料を減らすことができる。

　断面積をうまく調整して，棒のすべての断面において応力を同じ値にすることを考えてみよう。再度，図 3.1(b) に示すような変断面の棒を考える。棒の下端の面積を $A_0$ とすると，下端の断面に生じる応力は $W/A_0$ である。棒のすべての位置の応力がこの値になるように，棒の太さを調整してみる。

　棒の下端から上に向かって $x$ 軸をとり，棒の任意位置での断面積を $A(x)$ とする。ただし，$A(0) = A_0$ である。$x$ の位置で切断することにすると，それよ

り下側部分の重さ，すなわち断面力 $N$ は，積分変数を $\xi$ として

$$N(x) = w \int_0^x A(\xi)d\xi + W$$

と表すことができる。よって，断面に生じる応力は

$$\sigma = \frac{N(x)}{A(x)} = \frac{1}{A(x)} \left( w \int_0^x A(\xi)d\xi + W \right)$$

となり，これが一定値 $W/A_0$ になるので

$$\frac{1}{A(x)} \left( w \int_0^x A(\xi)d\xi + W \right) = \frac{W}{A_0} \quad \Rightarrow \quad w \int_0^x A(\xi)d\xi + W = \frac{W}{A_0} A(x)$$

でなければならない。両辺を $x$ で微分すると

$$wA(x) = \frac{W}{A_0} \frac{dA(x)}{dx} \quad \Rightarrow \quad wdx = \frac{W}{A_0} \frac{dA(x)}{A(x)}$$

という微分方程式が得られる。両辺を積分すると

$$wx = \frac{W}{A_0} \ln A(x) + c$$

となる。$c$ は積分定数であり，$A(0) = A_0$ より $c = -(W/A_0) \ln A_0$ となるので，これを代入すると

$$wx = \frac{W}{A_0} \ln A(x) - \frac{W}{A_0} \ln A_0 = \frac{W}{A_0} \ln \frac{A(x)}{A_0}$$

となる。結論として

$$A(x) = A_0 \exp \frac{A_0 wx}{W}$$

が得られる。このように，上に向かって指数関数に従って断面を増やしていけば，どの断面の応力も同一の値にすることができる。

---

**例題 3.1** 長さ $L$ の棒が天井から吊るされている。棒の断面積は，下端からの距離を $x$ とすると $A(x) = A_0 x$ で表される。棒の材料の単位体積重量を $w$ として，棒全体の伸びを求めよ。

---

**【解答】** $x$ から下の部分の重さは $w \int_0^x A(\xi)d\xi = wA_0 \int_0^x \xi d\xi = wA_0 \dfrac{x^2}{2}$

応力はこれを断面積 $A_0 x$ で除して $\sigma(x) = \dfrac{wx}{2}$

棒全体の伸びは $\Delta L = \int_0^L \varepsilon dx = \int_0^L \dfrac{\sigma(x)}{E} dx = \dfrac{w}{2E} \int_0^L x dx = \dfrac{wL^2}{4E}$ 　 $\diamondsuit$

## 3.3　残留応力と温度応力

　図 **3.4** に示すように，長さ $L$，断面積 $A$ の 2 本の棒が両端で剛体で連結されている。この状態から，$L$ よりも少し長い棒を，中央に新たに追加して取り付けることを考える。追加する棒は $L$ よりも長いので，そのままでは設置できない。そこで図に示すように，棒に圧縮力をかけて長さを $L$ よりも短く縮めてから剛体間に差し込み，その後，棒に作用させた圧縮力を解放すればよい。さて，このときに何が起こるかを考えてみる。

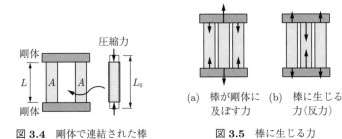

図 **3.4**　剛体で連結された棒　　　　図 **3.5**　棒に生じる力

(a)　棒が剛体に　(b)　棒に生じる
　　　及ぼす力　　　　　力（反力）

　図 **3.5**(a) をみてみよう。中央の棒は縮められた状態で剛体間に設置されたので，圧縮力を解放すると元の長さに戻ろうとして，剛体の間隔を押し広げようとする力を剛体に及ぼす。しかし，左右の棒は元の長さのままでいようとして，剛体間隔の広がりを引き戻そうとするので，中央の棒とは逆向きの力を剛体に及ぼす。これらの反力として，図 (b) に示すように，中央の棒には圧縮力が，左右の棒には引張力が生じる。中央の棒は，左右の棒に抵抗されて元の長さまで戻りきれないので圧縮力が残った状態になり，左右の棒は，中央の棒が伸びて戻ろうとする力に引きずられて引張力が生じた状態になるのである。

　最終的には，外力が作用していないにもかかわらず，中央の棒には圧縮応力が，左右の棒には引張応力が生じたままになる。このような応力を**残留応力**（residual stress）と呼ぶ。

　外力が作用していないので，3本の棒に生じる力は，内部でつり合っていなければならない。すなわち，中央の棒に生じている力を $P_0$，左右の棒の力をそれぞれ $P_1$ とすると

$$P_0 + 2P_1 = 0 \tag{3.1}$$

でなければならない。また，最終形における3本の棒の長さは同一でなければならないから，中央の棒の初期長さを $L_0$，断面積を $A_0$ とすると

$$L_0 + \frac{P_0}{EA_0}L_0 = L + \frac{P_1}{EA}L \tag{3.2}$$

が成り立つ。ただし $E$ は弾性係数であり，すべての棒で同一とした。式 (3.1)，(3.2) より，中央の棒に生じる軸力と応力が

$$P_0 = -\frac{2EA_0A(L_0 - L)}{LA_0 + 2L_0A}, \quad \sigma_0 = -\frac{2EA(L_0 - L)}{LA_0 + 2L_0A}$$

左右の棒に生じる軸力と応力が

$$P_1 = \frac{EA_0A(L_0 - L)}{LA_0 + 2L_0A}, \quad \sigma_1 = \frac{EA_0(L_0 - L)}{LA_0 + 2L_0A}$$

と求められる。

　上記は長い棒を無理やり縮めて設置したために生じた問題であるが，温度変化によっても同じような問題が生じることがある。一般に物は温度が上がると膨張し，下がると収縮する。強い拘束を受けている棒が暖められたり冷やされたりすると，上記と同じメカニズムにより棒に応力が発生する。これについて考察してみよう。

　単位温度当りに生じる膨張または収縮の割合を熱膨張係数という。このうち，単位温度当りに生じる長さ変化の割合を**線膨張係数**（linear expansion coefficient）と呼ぶ。線膨張係数は，温度が 1°C 変化したときに生じるひずみの大きさとして定義される。鋼やコンクリートの線膨張係数は $1.0 \times 10^{-5}°\text{C}^{-1}$ 程度である。

さて，図 **3.6**(a) に示すように，間隔 $L$ で二つの剛な壁が設けられ，その間に棒がはめ込まれているものとする。棒に応力は生じていない。棒の線膨張係数を $\alpha$〔$°C^{-1}$〕，断面積を $A$，弾性係数を $E$ として，この状態から棒の温度を $T$〔$°C$〕上昇させるとする。図 3.6(b) に示すように，仮に右側の壁がなく，棒が自由に膨張できるとすれば，加熱によって棒には $\alpha T$ のひずみが生じ，それによる伸びは $\Delta L_T = \alpha TL$，棒の全長は $L + \Delta L_T$ となる。この棒を間隔 $L$ の壁間にはめ込むには，図 3.6(c) に示すように，圧縮力によって棒を縮め，長さ $L$ に戻してやらなければならない。軸力を $N$ とすると棒の縮み量は

$$\Delta L_N = \frac{N}{EA}(L + \Delta L_T) \simeq \frac{N}{EA}L$$

となる。長さが $L$ になるためには，これらの和が 0 にならなければいけないので

$$\Delta L_T + \Delta L_N = \alpha TL + \frac{N}{EA}L = 0 \tag{3.3}$$

である。これより軸力 $N$ と応力 $\sigma$ が

$$N = -\alpha TEA, \quad \sigma = -\alpha TE$$

と求められる。

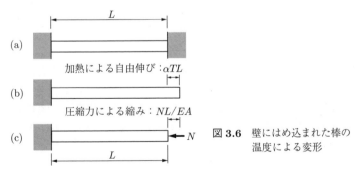

図 **3.6** 壁にはめ込まれた棒の温度による変形

この例のように，変形を拘束した状態で部材の温度を上昇させると，部材内部に圧縮応力が発生する。逆に温度を低下させ収縮させると，引張応力が発生する。これらの応力を**温度応力**（thermal stress）と呼ぶ。温度応力は，変形が

強く拘束されている構造物では思いのほか大きな値となり，場合によっては部材を破壊させてしまうこともある。構造設計において忘れてはならない配慮事項の一つである。

なお，本節で取り扱った問題では式 (3.2) や式 (3.3) を用いたが，これらは棒の伸びに関する条件式である。このように，部材の変形に関する条件を用いないと解くことができない構造を**不静定構造**（statically indeterminate structure）という。不静定構造の解析は一般に複雑なものとなるが，さまざまな洗練された解法があるので，構造力学などの講義で学習されたい。一方，これまでのように力のつり合いだけで解くことができる構造は**静定構造**（statically determinate structure）という。残留応力や温度応力は，不静定構造に生じ得る応力であり，静定構造には生じない。

---

**例題 3.2**　図 **3.7** に示すように鋼製段付き棒の両端を応力が生じないように剛性壁に取り付ける。棒全体の温度を $T = 100°C$ 上げたとき，棒 1, 2 に生じる応力を求めよ。ただし棒 1, 2 の断面積はそれぞれ $A_1 = 1\,000\,\mathrm{mm}^2$，$A_2 = 600\,\mathrm{mm}^2$ であり，両棒の弾性係数は $E = 2.0 \times 10^5\,\mathrm{N/mm}^2$，線膨張係数は $\alpha = 1.1 \times 10^{-5}°\mathrm{C}^{-1}$ とする。

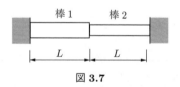

図 **3.7**

---

**【解答】**　温度による棒 1 の自由伸びは $\alpha TL$。軸力を $N$ とすると，それによる縮みは $NL/EA_1$。温度による棒 2 の自由伸びは $\alpha TL$。軸力による縮みは $NL/EA_2$。これらの和が 0 となるので

$$\alpha TL + \frac{NL}{EA_1} + \alpha TL + \frac{NL}{EA_2} = 0$$

これより

$$N = -\frac{2\alpha T}{\dfrac{1}{EA_1} + \dfrac{1}{EA_2}} = -\frac{2 \cdot 1.1 \times 10^{-5} \cdot 100}{\dfrac{1}{2.0 \times 10^5}\left(\dfrac{1}{1\,000} + \dfrac{1}{600}\right)} = -165\,000\,\text{N}$$

棒 1, 2 の応力は

$$\sigma_1 = \frac{N}{A_1} = -\frac{165\,000}{1\,000} = -165\,\text{N/mm}^2$$

$$\sigma_2 = \frac{N}{A_2} = -\frac{165\,000}{600} = -275\,\text{N/mm}^2$$

# 章 末 問 題

【1】 高さ $h$ のタワーの上端に重さ $W$ の水槽を載せる。タワーの断面を円形とし，タワーの自重も考慮に入れて各断面の応力が一定値となるようにするには半径 $r$ をどのように決めればよいか。またタワーの縮みはいくらか。ただし，材料の単位体積重量は $w$，弾性係数は $E$，タワー上端の半径は $r_0$ とする。

【2】 底面の直径が $d$，高さが $h$ の直円錐体を逆さにして天井から吊るしたとき，自重によって物体に生じる最大引張応力と全伸びを求めよ。ただし，材料の単位体積重量は $w$，弾性係数は $E$ とする。

【3】 図 3.8 に示すように鋼製段付き棒の両端を応力が生じないように剛性壁に取り付け，これを初期状態とする。つぎの問に答えよ。ただし棒 1, 2 の断面積はそれぞれ $1\,000\,\text{mm}^2$，$400\,\text{mm}^2$，両棒の弾性係数は $E = 2.0 \times 10^5\,\text{N/mm}^2$ とする。

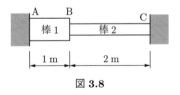

図 **3.8**

(1) 初期状態から，壁の間隔を強制的に $0.5\,\text{mm}$ 縮めたとき，棒 1, 2 に生じる応力を求めよ。

(2) 初期状態から，棒の温度を $T = 100^\circ\text{C}$ 上げたとき，棒 1, 2 に生じる応力および不連続面 B の移動距離を求めよ。ただし，両棒の線膨張係数は $\alpha = 1.1 \times 10^{-5}\,^\circ\text{C}^{-1}$ とする。

【4】 厚さ 1 mm の 2 枚の鋼板の間に，厚さ 4 mm の銅板を挟んで接着した長さ 100 mm，幅 10 mm の角棒がある。温度が 0°C から 100°C に上昇したとき，それぞれの材料に生じる温度応力はいくらか。また棒の伸びを求めよ。ただし，鋼と銅の弾性係数は $E_s = 2.0 \times 10^5 \, \text{N/mm}^2$，$E_c = 1.0 \times 10^5 \, \text{N/mm}^2$，線膨張係数は $\alpha_s = 1.2 \times 10^{-5 \circ} \text{C}^{-1}$，$\alpha_c = 1.66 \times 10^{-5 \circ} \text{C}^{-1}$ とする。

【5】 形状が等しい 3 本の棒が図 3.9 に示すように剛体で連結されている。すべての棒の弾性係数は $2.0 \times 10^5 \, \text{N/mm}^2$，線膨張係数は $\alpha = 1.1 \times 10^{-5 \circ} \text{C}^{-1}$ である。中央の棒の温度を 100°C 上げたとき，中央の棒と左右の棒に生じる応力を求めよ。

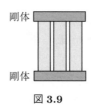

剛体

剛体

図 3.9

【6】 図 3.10 に示すように，長さ 800 mm のコンクリート製角棒の中心にあけた孔に鋼線を通し，鋼線を両側から 1 000 kN の力で引っ張る。この状態のまま左右端に定着具を取り付け，その後，鋼線の引張力を解放した。このとき，コンクリート棒と鋼線に生じる応力を求めよ。ただし，コンクリート棒の断面積は 40 000 mm²，鋼線の断面積は 1 000 mm²，コンクリートの弾性係数は $E_c = 2.0 \times 10^4 \, \text{N/mm}^2$，鋼の弾性係数は $E_s = 2.0 \times 10^5 \, \text{N/mm}^2$ とする。

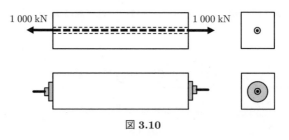

1 000 kN          1 000 kN

図 3.10

# 4 曲げ部材の力学

## 4.1 曲げ部材とは

曲げモーメントを受ける部材を**曲げ部材**（flexural member）といい，その代表例がはりである。本章では，曲げモーメントを受けるはりにどのような応力や変形が生じるかをみていくことにする。本章で用いる座標系を**図 4.1** に示す。はりの部材軸方向に $x$ 軸をとり，断面内において鉛直下向きに $y$ 軸を，水平方向に $z$ 軸をとる。曲げモーメント $M$ は $z$ 軸まわりに作用するものとし，はりを下にたわませる向きを正とする。また，はりを $z$ 軸方向から見た図を側面図，$x$ 軸方向から見た図を断面図と呼ぶこととする。

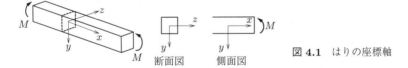

**図 4.1** はりの座標軸

## 4.2 はりの曲げ応力

### 4.2.1 はりの変形

**図 4.2** は曲げモーメントを受けて下方にたわんでいるはりの様子を示している。この変形において，はりの上部は部材軸方向に圧縮され，下部は部材軸方向に引っ張られる。上部は圧縮，下部は引張りであるから，はりのどこかに伸

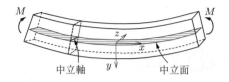

図 **4.2**　はりの変形と中立面・
　　　　　中立軸

びも縮みもしない位置が存在する。この，伸びも縮みもしない線素が存在する
面を**中立面**（neutral plane）といい，中立面と断面の交線を**中立軸**（neutral
axis）という。

　さて，**図 4.3**(a) に示すように，はりを真横から見て，断面 A-A と断面 B-B
で区切られる微小区間に着目しよう。曲げモーメントを受けるとはりは湾曲す
るが，ここで，はりの変形後の形状についてつぎのような仮定をする。図 4.3(b)
に示すように，はりの変形前にはりの部材軸に直交していた断面 A-A と断面
B-B は，変形後にも平面を保ち（これを平面保持の仮定という），その平面は部
材軸に直交するとする。これを**ベルヌーイ・オイラーの仮定**（Bernoulli-Euler
theory）という。断面の大きさに比して部材長が長いはりでは，これが成り立
つことが知られている。ベルヌーイ・オイラーの仮定によれば，はりのひずみ
が以下に述べるように表現できる。

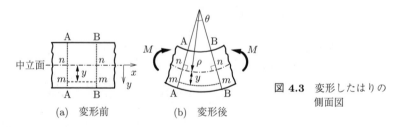

|  |  |
|---|---|
| (a)　変形前 | (b)　変形後 |

図 **4.3**　変形したはりの
　　　　　側面図

　図 4.3 に示すように，変形前の線素として，中立面にある線素を $n$–$n$，中立
面から $y$ の位置にある線素を $m$–$m$ とする。変形後のはりの形状は円弧で近似
できるものとし，中立面位置での曲率半径を $\rho$ とする。中立面では変形前後で
長さが変化しないので，線素 $n$–$n$ の長さは変形前後とも $\rho\theta$ である。線素 $m$–$m$
に着目すると，変形前の長さは線素 $n$–$n$ と等しく $\rho\theta$ であり，変形後の長さは
$(\rho + y)\theta$ となる。よって，線素 $m$–$m$ のひずみは

$$\varepsilon(y) = \frac{(\rho + y)\theta - \rho\theta}{\rho\theta} = \frac{y}{\rho}$$

あるいは，曲率を $\phi(=1/\rho)$ とすると

$$\varepsilon(y) = \phi y \tag{4.1}$$

となる。すなわち，曲げによってはりに生じるひずみは，中立面あるいは中立軸からの距離 $y$ に比例する。また，上記の変形状態ははりの幅方向（$z$ 方向）には同一であるから，ひずみも幅方向には同一であるとしてよい。

### 4.2.2 曲 げ 応 力

式 (4.1) で表されるひずみから，フック則により，応力は

$$\sigma(y) = E\phi y \tag{4.2}$$

となる。応力もはりの幅方向には同一であり，$y$ のみの関数としてよい。つぎに力のつり合いを考える。図 4.3 に示される断面には，曲げモーメント $M$ が作用しているが，軸力は作用していない。よって，2.3 節で示したように，応力と軸力および曲げモーメントとの間につぎの関係が成立していなければならない。

$$\int_A \sigma(y)dA = 0, \quad \int_A y \cdot \sigma(y)dA = M \tag{4.3}$$

これらに式 (4.2) を代入すると

$$E\phi \int_A ydA = 0, \quad E\phi \int_A y^2 dA = M \tag{4.4}$$

となる。第 1 式より，中立軸からの距離を $y$ としたとき

$$\int_A ydA = 0 \tag{4.5}$$

でなければならないことがわかる。逆にいえば，上式が成立するような位置に中立軸が存在していなければならない。また，第 2 式の積分部分を

$$I = \int_A y^2 dA$$

とおき，これと式 (4.2) から $E\phi$ を消去すると

$$\sigma(y) = \frac{M}{I}y \tag{4.6}$$

が得られる。これが曲げモーメントと，それによって断面に生じる応力との関係式である。この式は実際の構造設計でも用いられる重要な式である。

式 (4.6) によって求められる応力を**曲げ応力**（bending stress）と呼ぶ。**図 4.4** ははりの側面図であり，それに重ねて曲げ応力分布の例を示している。曲げ応力は中立軸位置では 0，中立軸から上側で圧縮，下側で引張りとなり，その絶対値は中立軸から離れるにつれて線形的に大きくなる。ここでは $y$ 軸として下向きを正にとったので，$y$ 座標をそのまま入れれば応力の正負を正しく表現できる。繰返しになるが，これらのひずみや応力は，断面に垂直な方向（$x$ 軸方向）に生じるものであることに注意しよう。

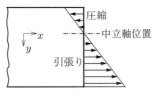

図 **4.4**　曲げ応力の例

以上の考察の中で $\int_A y\,dA$ や $\int_A y^2\,dA$ といった，あまりなじみのない量が出てきた。これらは，式から類推できるように，断面の形状のみによって定まる量であるが，具体的にどのように計算するかは少しイメージしにくいであろう。以下ではこれらについて詳しく述べる。

## 4.3　断　面　諸　量

### 4.3.1　図　　　心

**図心**（centroid）とは 2 次元図形の重心のようなものであり，**図 4.5** に示すように，その形状を有する薄い板を糸で持ち上げようとするとき，板を傾けずに持ち上げることができる糸の取付け点をいう。さて，板が傾かないためにはどのような条件が必要であろうか。

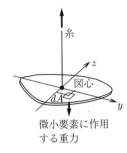

糸

z

図心

dA

y

微小要素に作用
する重力

**図 4.5**　図心のイメージ

　板の表面に，図心を原点として $y$–$z$ 座標系をとる。単位面積当りに働く重力
を $w$ とし，面積 $dA$ を持つ板の微小要素に生じる重力を $dA\cdot w$ としよう。微小
要素に働く重力は，板を傾かせようとするモーメントとして働き，これによっ
て $z$ 軸まわりに生じるモーメントは $ydA\cdot w$ である。板が傾かないためには，
断面全体にわたってこれを積分したものが 0 でなければならないので

$$\int_A ydA\cdot w = 0 \qquad \Rightarrow \qquad \int_A ydA = 0 \tag{4.7}$$

でなければならない。$y$–$z$ 座標系を板内においてどのように回転させても上式
が満たされるとき，板は傾かないことになる。すなわち，ある点が図心であるた
めの条件は，その点を通るいかなる軸まわりにおいても上式が満たされること
である。逆に，図心を通る軸まわりにおいては，つねに上式が満たされる。当
然であるが，対称軸を持つ図形では図心は対称軸上にあり，長方形や円など 2
軸対称な図形の図心は中央にある。

　さて，式 (4.7) は式 (4.5) と同じである。前節にて，中立軸はこの式が成り立
つ位置に存在しなければならないことを示したが，ここでの考察により，中立
軸は図心を通ることがわかった。図心を通る軸は無数にあるが，その中で曲げ
モーメントの回転軸（ここでは $z$ 軸。図 4.1 参照）に平行な軸を中立軸として
考えることにしよう。

### 4.3.2　断面 1 次モーメント

　ここで，**断面 1 次モーメント**（geometrical moment of area）をつぎのよう

に定義する。

$$S = \int_A y\,dA \qquad (4.8)$$

$y$ は任意に設定した軸から，断面の微小領域 $dA$ までの距離である。断面1次モーメントは，微小領域の面積に距離を乗じたものを断面全体にわたって積分したものであり，長さの3乗の次元を持つ†。例えば図 **4.6** に示すように座標系を設定して，$y$ の位置での断面幅を $b(y)$ とすると，$dA = b(y)dy$ となるから，$z$ 軸を基準軸とした断面1次モーメント（$z$ 軸まわりの断面1次モーメントという）は

$$S = \int_{y_1}^{y_2} y\,b(y)\,dy \qquad (4.9)$$

として計算することができる。

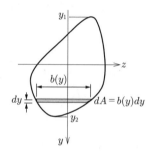

図 **4.6**　断面内の座標系

　前項で示した式 (4.7) は，図心を通る軸まわりの断面1次モーメントが0になることを示している。しかし，図心を通らない軸まわりの断面1次モーメントは0にはならず，かつ，軸をどこに設定するかによって値が異なる。

　図 **4.7** に示す断面において，A-A 軸まわりの断面1次モーメントを $S_A$ とする。ここで，図に示すように，この図形の図心が A-A 軸から $y_0$ の位置にあることがわかっており，そこを通る $A_0$-$A_0$ 軸が中立軸であるとする。このとき

$$S_A = \int_A y\,dA = \int_A (y_0 + y')\,dA = y_0 \int_A dA + \int_A y'\,dA = y_0 A + \int_A y'\,dA$$

---

†　一般に何かの量に距離を乗じたものをモーメントという。曲げモーメントは力に距離を乗じたもの，断面1次モーメントは面積に距離を乗じたものである。

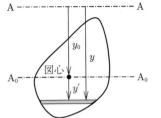

**図 4.7**　断面の例

であるが, 最後の項は中立軸まわりの断面1次モーメントなので0となる。よって

$$S_{\mathrm{A}} = y_0 A \tag{4.10}$$

となる。ただし, $A$ は断面積, $y_0$ は A-A 軸から図心までの距離である。この式は, 図心位置がわかっている場合には, 式 (4.9) のような積分を行わなくても, ［図心までの距離］×［断面積］でその軸まわりの断面1次モーメントが求められることを示している。表現としては変であるが,「図形の全面積が図心に集中している」としてモーメントを求めればよいということである。

なお, 式 (4.10) は

$$y_0 = \frac{S_{\mathrm{A}}}{A} \tag{4.11}$$

のようにして, 中立軸位置を求めるために使用されることもある。任意の軸まわりの断面1次モーメント $S_{\mathrm{A}}$ を求め, それを断面積 $A$ で除せば, その軸から図心までの距離 $y_0$ を求めることができ, 中立軸位置を定めることができる。

---

**例題 4.1**　図 4.8 に示す断面の, A-A 軸まわりの断面1次モーメントを求めよ。

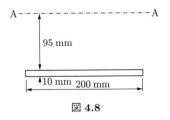

A-------------------A

95 mm

10 mm  200 mm

**図 4.8**

【解答】 A-A 軸を基準に下向きに $y$ 軸をとる。

$$S_{\mathrm{A}} = \int_A yb(y)dy = \int_{95}^{105} y \cdot 200dy = 200\left[\frac{y^2}{2}\right]_{95}^{105} = 200\,000\,\mathrm{mm}^3$$

あるいは, $S_{\mathrm{A}} = y_0 A = 100 \cdot 200 \cdot 10 = 200\,000\,\mathrm{mm}^3$        ◇

つぎの例として**図 4.9** に示す二等辺三角形断面について考えてみる。まず,頂点を通る水平軸を A-A 軸として,その軸まわりの断面 1 次モーメントを求めてみよう。A-A 軸を基準にして下向きに $y$ 座標を設定すると,任意の位置 $y$ における断面の幅は

$$b(y) = \frac{b}{h}y \tag{4.12}$$

と表されるので,A-A 軸まわりの断面 1 次モーメントは

$$S_{\mathrm{A}} = \int_0^h yb(y)dy = \int_0^h \frac{b}{h}y^2dy = \frac{b}{h}\left[\frac{y^3}{3}\right]_0^h = \frac{bh^2}{3}$$

となる。

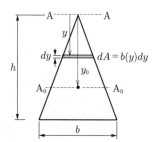

**図 4.9** 二等辺三角形断面

これがわかると,図心の位置を定めることができる。この断面は左右対称であるから,図心はその対称軸上にあることはすぐにわかるが,問題は高さ方向の位置である。ここで式 (4.11) を用いる。断面積は $bh/2$ であるので,A-A 軸と図心との距離 $y_0$ は

$$y_0 = \frac{S_{\mathrm{A}}}{A} = \frac{bh^2/3}{bh/2} = \frac{2h}{3} \tag{4.13}$$

と求められる。すなわち,頂点から下方 $2h/3$ の位置に図心があることがわかる。

図心位置がわかったので，それを通る中立軸（$A_0$-$A_0$ 軸）を基準にした断面1次モーメントを計算してみよう。中立軸を基準にして下向きに $y$ 軸をとると，断面の幅は

$$b(y) = \frac{2b}{3} + \frac{b}{h}y \tag{4.14}$$

と表される。積分範囲は $-2h/3$ から $h/3$ であるので，中立軸まわりの断面1次モーメントは

$$S_{A_0} = \int_{-2h/3}^{h/3} yb(y)dy = \int_{-2h/3}^{h/3} y\left(\frac{2b}{3} + \frac{b}{h}y\right) dy$$

と表される。これが 0 になることは各人で確認されたい。

---

**例題 4.2**　二等辺三角形の底辺に沿う軸を基準にして図心位置を求めてみよ。

---

**【解答】**　底辺から頂点に向かって $y$ 軸をとると，断面の幅は $b(y) = b - \dfrac{b}{h}y$ と表されるので，底辺に沿う軸まわりの断面1次モーメントは

$$S = \int_0^h yb(y)dy = \int_0^h \left(by - \frac{b}{h}y^2\right) dy = b\left[\frac{y^2}{2} - \frac{y^3}{3h}\right]_0^h = \frac{bh^2}{6}$$

これを断面積 $bh/2$ で除すと，底辺と図心との距離が

$$y_0 = \frac{S}{A} = \frac{bh^2/6}{bh/2} = \frac{h}{3}$$

と求められる。すなわち，底辺から上方 $h/3$ の位置に図心があることがわかり，これは先の結果と同じことを意味している。　　　　　　　　◇

### 4.3.3　断面2次モーメント

**断面2次モーメント**（moment inertia of area）はつぎのように定義される。

$$I = \int_A y^2 dA \tag{4.15}$$

例えば図 4.6 に示すように座標系を設定すれば

$$I = \int_{y_1}^{y_2} y^2 b(y)dy$$

などとして計算することができる。断面2次モーメントは長さの4乗の次元を持つ。断面2次モーメントも基準となる軸によって値が異なる。

断面2次モーメントに関するつぎの定理はたいへん便利なので，必ず覚えておこう。図4.7に示す断面において，中立軸を $A_0$-$A_0$ 軸とし，その軸まわりの断面2次モーメントを $I_{A_0}$，それと平行な任意の軸まわりの断面2次モーメントを $I_A$ とする。このとき両者にはつぎの関係がある。

$$I_A = I_{A_0} + y_0^2 A \quad または \quad I_{A_0} = I_A - y_0^2 A \tag{4.16}$$

ただし $A$ は断面積，$y_0$ は両軸間の距離である。なぜならば図4.7を参照して

$$\begin{aligned} I_A &= \int_A y^2 dA = \int_A (y_0 + y')^2 dA \\ &= y_0^2 \int_A dA + 2y_0 \int_A y' dA + \int_A y'^2 dA \end{aligned}$$

となるが，第2項の積分は中立軸まわりの断面1次モーメントなので0となり，第3項は $I_{A_0}$ の定義そのものであるため，式 (4.16) が得られる。

この式により，任意の軸まわりで計算した断面2次モーメントを，中立軸まわりのそれに変換することができる。また，この式は，中立軸が，それに平行な軸の中で最小の断面2次モーメントを与えることを示している。

再び図4.9に示す二等辺三角形断面を取り上げる。この断面の中立軸（$A_0$-$A_0$軸）まわりの断面2次モーメントを計算してみる。中立軸を基準にして下向きに $y$ 軸をとると，断面の幅は式 (4.14) で表され，中立軸まわりの断面2次モーメントは

$$\begin{aligned} I_{A_0} &= \int_{-2h/3}^{h/3} y^2 b(y) dy = \int_{-2h/3}^{h/3} y^2 \left( \frac{2b}{3} + \frac{b}{h}y \right) dy \\ &= b \left[ \frac{2y^3}{9} + \frac{y^4}{4h} \right]_{-2h/3}^{h/3} = \frac{bh^3}{36} \end{aligned}$$

と求めることができるが，計算はやや煩雑である。

そこで，図心位置を求める際に用いた A-A 軸を用いて，その軸まわりの断面2次モーメントまで求めてしまって，最後に式 (4.16) を利用してみよう。A-A

軸を基準とすれば任意の位置 $y$ での幅は式 (4.12) で表されるから，A-A 軸まわりの断面 2 次モーメントは

$$I_{\mathrm{A}} = \int_0^h y^2 b(y) dy = \frac{b}{h} \int_0^h y^3 dy = \frac{bh^3}{4}$$

となる。よって，式 (4.16) より，中立軸まわりの断面 2 次モーメントが

$$I_{\mathrm{A}_0} = I_{\mathrm{A}} - y_0^2 A = \frac{bh^3}{4} - \left(\frac{2h}{3}\right)^2 \frac{bh}{2} = \frac{bh^3}{36}$$

と簡単に求められる。

　さて，ここで前節を振り返ると，式 (4.6) で用いた $I$ は，中立軸まわりの断面 2 次モーメントであった。よって，曲げ応力を求めるには，中立軸まわりの断面 2 次モーメントを知る必要がある。そこで，さまざまな形状を有する断面の中立軸位置と，中立軸まわりの断面 2 次モーメントの求め方について詳しくみていこう。

## 4.4　中立軸まわりの断面 2 次モーメント

### 4.4.1　長方形断面の断面 2 次モーメント

　図 4.10 に示す長方形断面の中立軸まわりの断面 2 次モーメントを求めてみる。長方形断面では図心が中央にあるので，図に示す $\mathrm{A}_0$-$\mathrm{A}_0$ 軸が中立軸となる。この軸まわりの断面 2 次モーメントを定義に従って計算すると，積分範囲が $-h/2$ から $h/2$ までとなるので

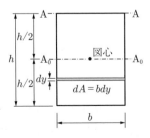

図 4.10　長方形断面

$$I_{A_0} = \int_{-h/2}^{h/2} y^2 b dy = b \left[ \frac{y^3}{3} \right]_{-h/2}^{h/2} = \frac{bh^3}{12}$$

となる。この結果は重要なので繰り返しておく。幅 $b$, 高さ $h$ の長方形断面の, 中立軸まわりの断面 2 次モーメントは

$$I = \frac{bh^3}{12} \tag{4.17}$$

である。この式は必ず記憶しておくこと。なお, この式は幅が $b$, 高さが $h$ の平行四辺形に対しても用いることができる。

---

**例題 4.3**　例題 4.1 に示す断面の, A-A 軸まわりの断面 2 次モーメントを求めよ。

---

【解答】　A-A 軸を基準に下向きに $y$ 軸をとる。

$$I_A = \int_A y^2 b(y) dy = \int_{95}^{105} y^2 \cdot 200 dy = 200 \left[ \frac{y^3}{3} \right]_{95}^{105} = 20\,016\,667 \, \mathrm{mm}^4$$

あるいは

$$I_A = I_{A_0} + y_0^2 A = \frac{bh^3}{12} + y_0^2 bh = \frac{200 \cdot 10^3}{12} + 100^2 \cdot 200 \cdot 10$$
$$= 16\,667 + 20\,000\,000 = 20\,016\,667 \, \mathrm{mm}^4$$

上の例題に示したように, 長方形断面については

$$I_A = I_{A_0} + y_0^2 A = \frac{bh^3}{12} + y_0^2 bh$$

なのであるが, 第 1 項と第 2 項との比をとってみると

$$\frac{bh^3}{12} \cdot \frac{1}{y_0^2 bh} = \frac{1}{12} \left( \frac{h}{y_0} \right)^2$$

となる。仮に, 基準軸からみて板厚の 10 倍の距離に板が配置されている場合（上の例題が該当する）には, 両者の比は 0.1％以下になる。基準軸と板の距離

が遠いほどこの比は小さくなる。よって，そのような場合には第1項は無視して $I_A = y_0^2 A$ としても実用上差し支えない。つまり，基準軸から遠い位置に薄板が配置されている場合には，断面1次モーメントは $y_0 A$（これは正確な値），断面2次モーメントは $y_0^2 A$ としてよい。

### 4.4.2 T形断面の断面2次モーメント

複雑な図形の場合には，それを単純な図形に分割してそれぞれの断面諸量を求め，その和や差をとることで断面全体の断面諸量を求めることができる。

例として図 **4.11** に示す T 形断面を考える。この図形は水平な板と鉛直な板に分けて考えることができる。水平な板をフランジ，鉛直な板をウェブという。フランジ，ウェブとも長方形であるから，それぞれの図心はそれぞれの領域の中央にある。この断面の，中立軸まわりの断面2次モーメントを求めてみよう。だがその前に，中立軸の位置を定めなければならない。

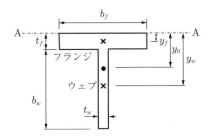

図 **4.11** T 形断面

ここでは基準軸として，上縁に沿って水平軸 A-A をとることとする。A-A 軸とフランジの図心との距離を $y_f(= t_f/2)$，A-A 軸とウェブの図心との距離を $y_w(= t_f + b_w/2)$ とする。また，フランジとウェブの断面積をそれぞれ $A_f(= t_f b_f)$，$A_w(= t_w A_w)$ とする。A-A 軸まわりのフランジとウェブの断面1次モーメントは

$$S_f = y_f A_f, \quad S_w = y_w A_w$$

なので，A-A 軸まわりの断面全体の断面1次モーメントは，両者の和として

$$S_A = y_f A_f + y_w A_w$$

となる。式 (4.11) より，これを全断面積で除せば A-A 軸から断面全体の図心までの距離 $y_0$ を求めることができる。すなわち，上縁から

$$y_0 = \frac{y_f A_f + y_w A_w}{A_f + A_w}$$

の位置に図心があることがわかる。

図心位置がわかったので，中立軸まわりの断面 2 次モーメントを計算していこう。式 (4.16) より，中立軸まわりのフランジおよびウェブの断面 2 次モーメントは

$$I_f = \frac{b_f t_f^3}{12} + (y_f - y_0)^2 A_f, \quad I_w = \frac{t_w b_w^3}{12} + (y_w - y_0)^2 A_w$$

となるので，断面全体の断面 2 次モーメントは両者の和として

$$I_{A_0} = \frac{b_f t_f^3}{12} + (y_f - y_0)^2 A_f + \frac{t_w b_w^3}{12} + (y_w - y_0)^2 A_w \tag{4.18}$$

となる。

あるいは，A-A 軸をそのまま用いて，断面全体の A-A 軸まわりの断面 2 次モーメントを求めてしまってから，それを中立軸まわりのものになおしてもよい。A-A 軸まわりのフランジおよびウェブの断面 2 次モーメントは

$$I_f = \frac{b_f t_f^3}{12} + y_f^2 A_f, \quad I_w = \frac{t_w b_w^3}{12} + y_w^2 A_w$$

であるから，断面全体の A-A 軸まわりの断面 2 次モーメントは，両者の和として

$$I_A = \frac{b_f t_f^3}{12} + y_f^2 A_f + \frac{t_w b_w^3}{12} + y_w^2 A_w$$

で与えられる。よって式 (4.16) により，断面全体の中立軸まわりの断面 2 次モーメントは

$$\begin{aligned} I_{A_0} &= I_A - y_0^2 A \\ &= \frac{b_f t_f^3}{12} + y_f^2 A_f + \frac{t_w b_w^3}{12} + y_w^2 A_w - y_0^2 (A_f + A_w) \end{aligned} \tag{4.19}$$

となる。式 (4.18) と式 (4.19) が同じであることは各人で確認されたい。

式 (4.18) と式 (4.19) のどちらを用いるかは好みであるが，以降では後者を用いる。基準軸から中立軸までの距離 $y_0$ は中途半端な数字になることが多く，式 (4.19) の方がそれを用いる計算機会が少ないことがその理由である。

**例題 4.4** 図 **4.12** に示す T 形断面の，中立軸まわりの断面 2 次モーメントを求めよ。

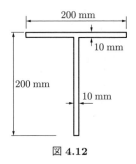

図 **4.12**

**【解答】** ここでは上縁に沿って A-A 軸を設定して下向きに $y$ 軸をとることにする。断面全体の A-A 軸まわりの断面 2 次モーメントを求め，それを中立軸まわりのものに変換することにしよう。計算に当たっては**表 4.1** に示すような表を作成すると間違いが少なくなるであろう。

表 **4.1**

| 部位 | $b_i$ | $h_i$ | $A_i$ | $y_i$ | $y_i A_i$ | $y_i^2 A_i$ | $I_i$ | $y_i^2 A_i + I_i$ |
|---|---|---|---|---|---|---|---|---|
| フランジ | 200 | 10 | 2 000 | 5 | 10 000 | 50 000 | 16 667 | 66 667 |
| ウェブ | 10 | 190 | 1 900 | 105 | 199 500 | 20 947 500 | 5 715 833 | 26 663 333 |
| 計 | | | 3 900 | | 209 500 | | | 26 730 000 |

〔注〕 $b_i$：幅〔mm〕，$h_i$：高さ〔mm〕，$A_i$：断面積〔mm$^2$〕
　　　$y_i$：基準軸から各部位の図心までの距離〔mm〕
　　　$I_i$：各部位の中立軸まわりの断面 2 次モーメント（$= b_i h_i^3/12$）〔mm$^4$〕

表の合計欄に着目しよう。A-A 軸から断面全体の図心までの距離は $y_0 = 209\,500/3\,900 = 53.72$ mm。A-A 軸まわりの断面全体の断面 2 次モーメントは最右列にあり $I_A = 26\,730\,000$ mm$^4$。よって，中立軸まわりの断面 2 次モーメントは，$I_{A_0} = I_A - y_0^2 A = 26\,730\,000 - 53.72^2 \cdot 3\,900 = 1.55 \times 10^7$ mm$^4$。 ◇

### 4.4.3 I形断面の断面2次モーメント

つぎに図 **4.13** に示す I 形断面を取り上げ，中立軸まわりの断面2次モーメントを求めてみる。この断面は2軸対称であるので，図形の中央を通る水平な軸が中立軸となる。中立軸から下向きに $y$ 軸をとることとする。

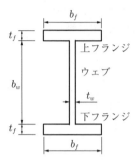

図 **4.13** I 形断面

さて，中立軸まわりの断面2次モーメントを定義通りに計算しようとすると，積分範囲によって断面の幅が異なることに注意して

$$I = \int_{-b_w/2-t_f}^{-b_w/2} y^2 b_f dy + \int_{-b_w/2}^{b_w/2} y^2 t_w dy + \int_{b_w/2}^{b_w/2+t_f} y^2 b_f dy \quad (4.20)$$

とすればよいが，なかなか面倒である。

そこで，先ほどと同じように断面を三つの部位に分割して考えよう。中立軸と上フランジの図心との距離は $(t_f + b_w)/2$ であるから，中立軸まわりの上フランジの断面2次モーメントは

$$I_f = \frac{b_f t_f^3}{12} + \left(\frac{t_f + b_w}{2}\right)^2 b_f t_f$$

となる。ウェブの断面2次モーメントは

$$I_w = \frac{t_w b_w^3}{12}$$

である。下フランジの断面2次モーメントは上フランジのそれと同じである。これらを足し合わせることにより，断面全体の中立軸まわりの断面2次モーメントは

$$I = 2I_f + I_w = \frac{b_f t_f^3}{6} + 2\left(\frac{t_f + b_w}{2}\right)^2 b_f t_f + \frac{t_w b_w^3}{12} \tag{4.21}$$

となる。

じつはこの問題に対しては，より簡単な計算法がある。I 形断面は**図 4.14** に示すように，領域 1 から領域 2 を差し引いたものに等しい。領域 1，領域 2 の断面 2 次モーメントは

$$I_1 = \frac{b_f(b_w + 2t_f)^3}{12}, \quad I_2 = \frac{(b_f - t_w)b_w^3}{12}$$

なので

$$I = I_1 - I_2 = \frac{b_f(b_w + 2t_f)^3}{12} - \frac{(b_f - t_w)b_w^3}{12} \tag{4.22}$$

として答えを得ることができる。この考え方は**図 4.15** に示すような上下対称な中空断面にも適用できる。

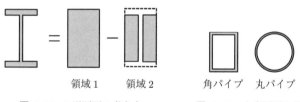

図 **4.14** I 形断面の考え方　　　図 **4.15** 中空断面の例

### 4.4.4 円形断面の断面 2 次モーメント

円形断面の図心は円の中心であることは自明であり，中立軸は円の中心を通る。定義に従って，直接，断面 2 次モーメントを計算することもできるが，以下のように考えるとより簡単である。円形断面の半径を $R$ とし，**図 4.16** に示すように円の中心を原点として $y$–$z$ 座標系をとる。$y$ 軸まわり，$z$ 軸まわりの断面 2 次モーメントをそれぞれ $I_y$，$I_z$ とすると

$$I_y + I_z = \int_A z^2 dA + \int_A y^2 dA = \int_A (y^2 + z^2)dA = \int_A r^2 dA$$

ここで，$r$ は原点から断面内の微小領域までの距離である。$\displaystyle\int_A r^2 dA$ を**断面 2 次**

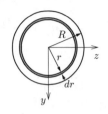

図 **4.16**　円形断面

極モーメント（polar moment inertia of area）という。ここで，原点から $r$ と $r+dr$ の位置で区切られた微小幅の円環を考える。円環の面積は $dA=2\pi r dr$ なので，上式は

$$\int_A r^2 dA = \int_0^R r^2 \cdot 2\pi r dr = \frac{\pi R^4}{2}$$

となる。円形断面の場合には $I_y = I_z$ なので，図心（中心）を通る軸まわりの断面 2 次モーメントは

$$I_y = I_z = \frac{1}{2}\int_A r^2 dA = \frac{\pi R^4}{4} \tag{4.23}$$

と求められる。

　なお，楕円は，円がある一方向に伸縮した図形とみなすことができる。断面の幅と断面 2 次モーメントは比例するから，例えば図 4.16 に示す円の幅（$z$ 軸方向の径）が $2r$ になった楕円の，$z$ 軸まわりの断面 2 次モーメントは

$$I_z = \frac{\pi r R^3}{4} \tag{4.24}$$

で与えられる。

## 4.5　断 面 係 数

　はりの曲げ応力は中立軸からの距離 $y$ に比例する。ということは，最大応力と最小応力はつねに上縁と下縁に生じることになる。上縁か下縁のいずれかに着目することにして，中立軸から縁までの距離を $y_s$ とし

$$Z = \frac{I}{y_s}$$

とおくと，最大または最小の応力は

$$\sigma_m = \frac{M}{Z}$$

と表される。この $Z$ を**断面係数**（section modulus）と呼ぶ。定義からわかるように，断面係数は，断面の形状や寸法のみから与えられる係数である。曲げモーメントの大きさが同じであれば，断面係数が大きい方が最大応力や最小応力を減らすことができる。

　断面係数を大きくするためには，中立軸からできるだけ遠い位置に面積を配置するのがよい。図 **4.17** に示す二つの断面を見てみよう。計算してみるとわかるが，両者の断面積は等しい。すなわち，使用する材料の量は同じである。

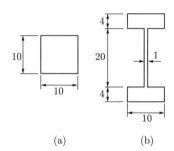

図 **4.17**　面積が等しい二つの断面

　断面 (a) の断面 2 次モーメント，断面係数は

$$I = \frac{10 \cdot 10^3}{12} = 833, \quad Z = \frac{I}{y_s} = \frac{833}{5} = 167$$

断面 (b) では

$$I = \frac{10 \cdot 28^3}{12} - \frac{9 \cdot 20^3}{12} = 12\,293, \quad Z = \frac{I}{y_s} = \frac{12\,293}{14} = 878$$

となる。同じ断面積であっても，断面係数は断面 (b) の方が約 5 倍も大きい。よって，同じ曲げモーメントに対して，断面に生じる応力が約 1/5 となる。あるいは，断面 (b) の方が約 5 倍の曲げモーメントに耐えられるといってもよい。I 形断面の部材がはりとして適していることがよくわかるであろう。

**例題 4.5**　支間長 $L = 5\,\mathrm{m}$ の単純ばりが支間中央で $P = 10\,\mathrm{kN}$ の鉛直下向荷重を受けている。はりの断面は図 **4.18** に示すような 2 軸対称な I 形断面である。このはりの支間中央断面の曲げ応力分布を求めよ。

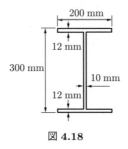

図 **4.18**

**【解答】**　支間中央における曲げモーメントは $M = \dfrac{PL}{4} = \dfrac{10 \cdot 5}{4} = 12.5\,\mathrm{kN \cdot m}$。
断面の中立軸は中央にあり，中立軸まわりの断面 2 次モーメントは

$$I = \frac{200 \cdot 300^3}{12} - \frac{(200 - 10) \cdot (300 - 2 \cdot 12)^3}{12} = 1.171\,1 \times 10^8\,\mathrm{mm^4}$$

よって，支間中央断面における上下縁の応力は

$$\sigma = \pm \frac{M}{I}y = \pm \frac{12.5 \times 10^6\,\mathrm{N \cdot mm}}{1.171\,1 \times 10^8\,\mathrm{mm^4}} \cdot 150\,\mathrm{mm} = \pm 16.0\,\mathrm{N/mm^2}$$

応力分布を図 **4.19** に示す。

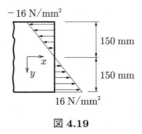

図 **4.19**

**例題 4.6**　支間長 $L = 5\,\mathrm{m}$ の片持ちばりが自由端で $P = 10\,\mathrm{kN}$ の鉛直下向荷重を受けている。はりの断面は例題 4.4 のものと同じである。このはりの固定端の断面の曲げ応力分布を求めよ。

**【解答】** 固定端における曲げモーメントは $M = -PL = -10 \cdot 5 = -50\,\mathrm{kN \cdot m}$。例題 4.4 より，上縁と中立軸との距離は $53.7\,\mathrm{mm}$。下縁と中立軸との距離は $200 - 53.7 = 146.3\,\mathrm{mm}$。中立軸まわりの断面 2 次モーメントは $I = 1.55 \times 10^7\,\mathrm{mm^4}$。よって，固定端断面における上縁の応力は

$$\sigma_u = \frac{M}{I}y_u = \frac{-50 \times 10^6\,\mathrm{N \cdot mm}}{1.55 \times 10^7\,\mathrm{mm^4}} \cdot (-53.7)\,\mathrm{mm} = 173\,\mathrm{N/mm^2}$$

下縁の応力は

$$\sigma_l = \frac{M}{I}y_l = \frac{-50 \times 10^6\,\mathrm{N \cdot mm}}{1.55 \times 10^7\,\mathrm{mm^4}} \cdot 146.3\,\mathrm{mm} = -472\,\mathrm{N/mm^2}$$

応力分布を**図 4.20** に示す。

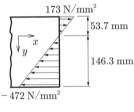

**図 4.20**

## 4.6　は り の た わ み

　はりは曲げモーメントを受けると湾曲する。湾曲の程度は，変形前後のはりの部材軸の移動量で表すことができ，これを**たわみ**（deflection）という。ここでは**図 4.21** に示すように，たわみは $y$ 軸方向に生じるものとし，これを $v$ と表すことにする。たわんだ後の部材軸を**たわみ曲線**（deflection curve）といい，その勾配を**たわみ角**（deflection angle）と呼ぶ。一般に変形は微小であるので，たわみ角は

$$\theta \simeq \tan\theta = -\frac{dv}{dx}$$

と表される。

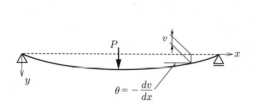

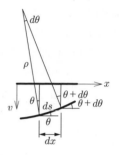

図 **4.21** はりのたわみとたわみ角    図 **4.22** はりのたわみ変形

はりの一部を図 **4.22** のように切り出し，そこでの変形の様子を考察しよう。弧の長さを $ds$ とすると，幾何学的な関係から $ds = \rho d\theta$ である。$\theta$ が微小だとすれば $dx = ds\cos\theta \simeq ds$ と近似できるので，つぎの関係が導かれる。

$$\frac{1}{\rho} = \frac{d\theta}{ds} \simeq \frac{d\theta}{dx} = -\frac{d^2v}{dx^2} \tag{4.25}$$

ここで $1/\rho$ は曲率であり，式 (4.4) の $\phi$ と同じである。式 (4.4) と上式を組み合わせると

$$\frac{d^2v}{dx^2} = -\frac{M}{EI} \tag{4.26}$$

が得られる。これがたわみの微分方程式であり，これを解くことでたわみ曲線 $v(x)$ が求められる。分母の $EI$ は**曲げ剛性**（flexural rigidity）と呼ばれる。

この式は 2 階の微分方程式であるので二つの条件が必要となる。これらは，はりの支持条件から与えることができる。はりを分割して解析しなければならない場合には，さらに多くの積分変数が出てくるが，これらは連続条件により決定することができる。連続条件とは，はりが滑らかな形状にたわむために必要となる条件である。

### 4.6.1 片持ちばりのたわみ

図 **4.23**(a) に示す片持ちばりのたわみを解析してみよう。左端を原点とし，右向きに $x$ をとると，曲げモーメントは

$$M = -P(L - x)$$

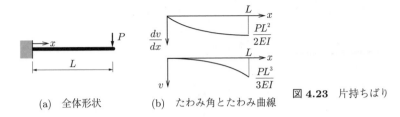

(a)  全体形状        (b)  たわみ角とたわみ曲線    **図 4.23**  片持ちばり

と表される。式 (4.26) にこれを代入して，順次積分すると

$$\frac{d^2v}{dx^2} = \frac{P}{EI}(L - x) \tag{4.27}$$

$$\frac{dv}{dx} = \frac{P}{EI}\left( Lx - \frac{x^2}{2} + c_1 \right) \tag{4.28}$$

$$v = \frac{P}{EI}\left( \frac{Lx^2}{2} - \frac{x^3}{6} + c_1 x + c_2 \right) \tag{4.29}$$

が得られる。$c_1$, $c_2$ は積分定数であり，はりの支持条件から定められる。固定端 $(x = 0)$ においてたわみ $v$ とたわみ角 $dv/dx$ が 0 なので，式 (4.28), (4.29) より $c_1 = c_2 = 0$ となる。よって，先端に荷重 $P$ を受ける片持ちばりのたわみは

$$v = \frac{P}{6EI}(3Lx^2 - x^3)$$

で与えられる。最大のたわみははりの自由端（$x = L$）で生じ

$$v_{\max} = \frac{PL^3}{3EI} \tag{4.30}$$

である。

たわみ角とたわみ曲線を図 4.23(b) に図示しておく。たわみ，たわみ角が支持条件を満足していることを確認しよう。

## 4.6.2  単純ばりのたわみ

図 **4.24**(a) に示す単純ばりのたわみを解析してみよう。左端を原点とし，右向きに $x$ をとると，曲げモーメントは

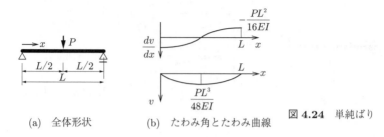

(a)　全体形状　　　　(b)　たわみ角とたわみ曲線　　**図 4.24**　単純ばり

$$M = \frac{P}{2} \times \begin{cases} x & (0 \leqq x \leqq L/2) \\ -x + L & (L/2 \leqq x \leqq L) \end{cases} \tag{4.31}$$

である。よって

$$\frac{d^2 v}{dx^2} = -\frac{P}{2EI} \times \begin{cases} x & (0 \leqq x \leqq L/2) \\ -x + L & (L/2 \leqq x \leqq L) \end{cases} \tag{4.32}$$

$$\frac{dv}{dx} = -\frac{P}{2EI} \times \begin{cases} \dfrac{x^2}{2} + c_1 & (0 \leqq x \leqq L/2) \\ -\dfrac{x^2}{2} + Lx + c_2 & (L/2 \leqq x \leqq L) \end{cases} \tag{4.33}$$

$$v = -\frac{P}{2EI} \times \begin{cases} \dfrac{x^3}{6} + c_1 x + c_3 & (0 \leqq x \leqq L/2) \\ -\dfrac{x^3}{6} + \dfrac{L}{2}x^2 + c_2 x + c_4 & (L/2 \leqq x \leqq L) \end{cases} \tag{4.34}$$

となる。四つの積分定数があるが，これらは支持条件と連続条件により決定することができる。

まず，支持条件を用いる。$x = 0$ において $v = 0$ なので，式 (4.34) 第 1 式より $c_3 = 0$ となる。また，$x = L$ において $v = 0$ なので，式 (4.34) 第 2 式より

$$-\frac{L^3}{6} + \frac{L^3}{2} + c_2 L + c_4 = 0 \tag{4.35}$$

が得られる。

連続条件として，$x = L/2$ において左右部分のたわみ角 $dv/dx$ およびたわみ $v$ が等しくなければならないので，式 (4.33) の 2 式と式 (4.34) の 2 式をそれぞ

れ等置して $x = L/2$ を代入すると

$$\frac{1}{2}\left(\frac{L}{2}\right)^2 + c_1 = -\frac{1}{2}\left(\frac{L}{2}\right)^2 + \frac{L^2}{2} + c_2 \tag{4.36}$$

$$\frac{1}{6}\left(\frac{L}{2}\right)^3 + c_1\frac{L}{2} = -\frac{1}{6}\left(\frac{L}{2}\right)^3 + \left(\frac{L}{2}\right)^3 + c_2\frac{L}{2} + c_4 \tag{4.37}$$

となる。

式 (4.35)～(4.37) を連立させて解くと

$$c_1 = -\frac{L^2}{8}, \quad c_2 = -\frac{3L^2}{8}, \quad c_4 = \frac{L^3}{24}$$

が得られる。これらを式 (4.34) に代入して整理すると，たわみが

$$v = -\frac{P}{48EI} \times \begin{cases} 4x^3 - 3L^2x & (0 \leqq x \leqq L/2) \\ -4x^3 + 12Lx^2 - 9L^2x + L^3 & (L/2 \leqq x \leqq L) \end{cases} \tag{4.38}$$

と求められる。最大のたわみは支間中央 $(x = L/2)$ で生じ

$$v_{\max} = \frac{PL^3}{48EI} \tag{4.39}$$

である。図 4.24(b) にたわみ角とたわみ曲線を図示しておく。

この問題の場合，はりの形状も荷重条件も左右対称であるので，たわみも左右対称となる。つまり，中央の位置 $x = L/2$ において，たわみ角 $dv/dx$ は 0 となる。これを用いるともう少し簡単に解を求めることができる。すなわち，式 (4.36) はいずれも 0 となるので，ただちに $c_1$ と $c_2$ を求めることができる。さらにいえば，支間中央で左右に分離して片側のみに着目すれば，支間中央を固定端とした支間 $L/2$ の片持ちばりとみなすことができるので，前節の結果を利用して答えを導くこともできる。

# 章 末 問 題

【1】 図 4.25 に示す断面の図心位置を求めよ。

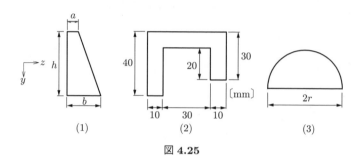

図 4.25

【2】 図 4.26 に示す断面の，中立軸まわりの断面 2 次モーメントを求めよ。

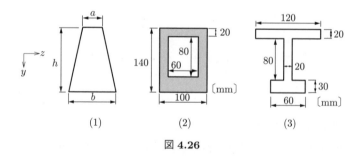

図 4.26

【3】 式 (4.20)～(4.22) が同じであることを確かめよ。

【4】 直径 $d$ の丸棒から長方形断面はりを切り出したい。曲げモーメントが作用したときの曲げ応力を最小にするには，幅 $b$ と高さ $h$ をどのように選べばよいか。

【5】 図 4.27 に示す断面を有するはりに 150 kN·m の曲げモーメントが作用するとき，断面の上縁および下縁の曲げ応力を求めよ。

【6】 前問 (2) で求めた曲げ応力分布 $\sigma(y)$ が $\displaystyle\int_A \sigma(y)dA = 0$ および $\displaystyle\int_A y \cdot \sigma(y)dA = 150$ kN·m を満足していることを確かめよ。

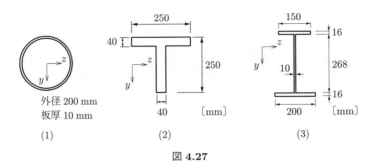

図 4.27

【7】 図 4.28 に示すはりのたわみ曲線を求めよ。ただし，はりの全長にわたって曲
げ剛性は $EI$ で一定とする。

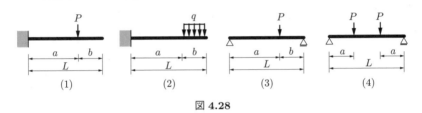

図 4.28

【8】 図 4.29 に示す片持ちばりの断面は長方形であり，はり高は全長にわたって $h$
で一定である。はり幅は，固定端で $h$，自由端で $0$ であり，その間は線形的に変
化する。このはりのたわみ曲線を求めよ。ただし，弾性係数 $E$ は一定とする。

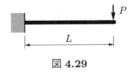

図 4.29

【9】 図 4.30 に示すように，片持ちばり AB をこれと等しい断面寸法の短いはり
CD で補強する。点 B に荷重 $P$ が作用するとき，点 D において上下のはりの
間に生じる反力 $R$ を求めよ。

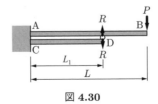

図 4.30

# 5 せん断を受ける部材の力学

## 5.1 せん断力を受けるはり

前章では，はりが曲げモーメントを受けた場合に生じる応力やたわみについて述べた。ところで，はりに対する曲げモーメントの作用の仕方には2通りある。

一つは，曲げモーメントのみが作用し，せん断力が働かない場合である。**図 5.1**(a) に示すように，はりに外力として直接曲げモーメントが作用する場合や，図 (b) に示すように 4 点曲げ載荷を受けるはりの中央部分などがこれに該当し，**純曲げ**（pure bending）と呼ばれることがある。

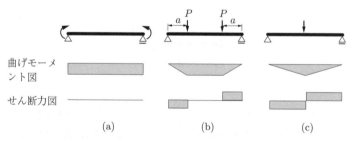

曲げモーメント図

せん断力図

(a)　　　　　　(b)　　　　　　(c)

**図 5.1**　はりに作用する曲げモーメントとせん断力

もう一つは，曲げモーメントとともにせん断力が作用する場合である。図 (c) に示すように，はりに鉛直方向の荷重が作用する場合には，4 点曲げなどの特別な場合を除いてこの状態になる。本章では，せん断力を受ける部材として，このような荷重状態のはりを取り上げる。前章と同様に，部材軸方向に $x$ 軸，鉛直下向きに $y$ 軸，水平に $z$ 軸をとることにする（図 4.1 参照）。

## 5.2 せん断力によるはりのせん断応力

せん断力を受けるはりのせん断応力が，断面内でどのように分布するかをみていこう。図 5.2 ははりの側面図である。はりから ABCD のような微小な直方体を切り出すと，その切断面にはせん断応力が生じている。この直方体において，鉛直面 AD と BC に生じているせん断応力と，水平面 AB と DC に生じているせん断応力の大きさは等しい[†]。よって，求めたいのは鉛直面に生じているせん断応力であるが，その代わりに上下の水平面に生じているせん断応力を求めてもよい。

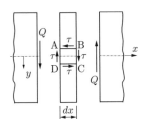

**図 5.2** はりに生じる
せん断応力

さて，図 5.3 に示すようなはりを考える。中立軸を起点に下向きに $y$ 軸をとり，はりの下面の $y$ 座標を $h_1$，上面のそれを $-h_2$ とする。このはりの微小区間 $dx$ において，中立軸からみて $Y$ よりも遠い部分の微小直方体（図の灰色部分）を切り出す。この自由物体の水平方向の力のつり合いを考えてみよう。

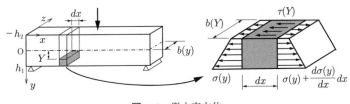

**図 5.3** 微小直方体

---

[†] 領域中心まわりのモーメントのつり合いを考えるとすぐにわかる。詳細は 7.3 節で述べる。

側面と底面には力は作用していない。水平方向の力としては，左右の断面に生じている曲げ応力による力と，上面に生じているせん断応力による力を考えればよい。

左右の鉛直面に生じている曲げ応力を，それぞれ

$$\sigma(y), \quad \sigma(y) + \frac{d\sigma(y)}{dx}dx$$

とする。これらによる水平方向の力は，はりの幅を $b(y)$ とすると

$$\int_Y^{h_1} \sigma(y)b(y)dy, \quad \int_Y^{h_1} \left(\sigma(y) + \frac{d\sigma(y)}{dx}dx\right) b(y)dy$$

で表される。

上面に生じているせん断応力を $\tau$ とする。微小な $dx$ の区間であるので，上面に生じているせん断応力は $x$ 方向には一定であるとすると，せん断応力による水平方向の力は

$$\tau(Y)b(Y)dx$$

である。これらがつり合わなければならないので，右向きを正とすると

$$\int_Y^{h_1} \left(\sigma(y) + \frac{d\sigma(y)}{dx}dx\right) b(y)dy - \int_Y^{h_1} \sigma(y)b(y)dy - \tau(Y)b(Y)dx = 0$$

が成り立つ。これを整理すると

$$\tau(Y) = \frac{1}{b(Y)} \int_Y^{h_1} \frac{d\sigma(y)}{dx} b(y)dy$$

となる。ところで，この断面に生じている曲げモーメントを $M$，せん断力を $Q$ とすると，式 (4.6) および式 (1.12) により

$$\frac{d\sigma(y)}{dx} = \frac{d}{dx}\left(\frac{M}{I}y\right) = \frac{y}{I}\frac{dM}{dx} = \frac{y}{I}Q$$

となるので，これを代入すると

$$\tau(Y) = \frac{Q}{Ib(Y)} \int_Y^{h_1} yb(y)dy$$

となる。積分変数 $y$ を $\xi$ で置き換え，変数 $Y$ を単に $y$ と表現しても差し支えないから，せん断応力を求める式として，最終的に次式が得られる。

$$\tau(y) = \frac{Q}{Ib(y)} \int_y^{h_1} \xi b(\xi) d\xi \tag{5.1}$$

右辺の積分は，着目位置 $y$ よりも遠い部分の，中立軸まわりの断面 1 次モーメントを意味しており，中立軸から最も離れた位置 $(y = h_1)$ で 0，中立軸位置 $(y = 0)$ で最大となる。

### 5.2.1　長方形断面はりのせん断応力分布

幅 $b$，高さ $h$，面積 $A(= bh)$ の長方形断面を有するはりにせん断力 $Q$ が作用する場合のせん断応力を求めてみる。幅は $b$ で一定だから，式 (5.1) より

$$\tau(y) = \frac{Q}{I} \int_y^{h/2} \xi d\xi = \frac{Q}{2I} \left( \frac{h^2}{4} - y^2 \right)$$

となり，これに $I = bh^3/12$ を代入すると

$$\tau(y) = \frac{3Q}{2bh^3}(h^2 - 4y^2) = \frac{3Q}{2A}\frac{h^2 - 4y^2}{h^2} \tag{5.2}$$

が得られる。このように，長方形断面のせん断応力分布は $y$ の 2 次関数となる。せん断応力は上下縁 $(y = \pm h/2)$ で 0，中立軸位置 $(y = 0)$ で最大となり，その大きさは

$$\tau_{\max} = \frac{3}{2}\frac{Q}{A} \tag{5.3}$$

である。**図 5.4** にせん断応力分布のイメージを示す。せん断力を単純に断面積で除した応力 $(=Q/A)$ を **平均せん断応力**（average shear stress）というが，長方形断面のせん断応力の最大値は，平均せん断応力の 1.5 倍になる。

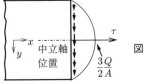

**図 5.4**　長方形断面はりの
　　　　せん断応力分布

曲げ応力の大きさが断面形状（断面係数）によって大きく異なるのに対して，せん断応力の大きさは主として断面積に依存する。よって，せん断応力を小さくするためには，断面形状を工夫してもあまり効果はなく，断面積を大きくすることが必要となる。

### 5.2.2　円形断面はりのせん断応力分布

つぎの例題として，半径 $R$ の円形断面を有するはりのせん断応力を求めてみる。式 (5.1) に $b(y) = 2\sqrt{R^2 - y^2}$ を代入すると

$$
\begin{aligned}
\tau(y) &= \frac{Q}{2I\sqrt{R^2 - y^2}} \int_y^R \xi \cdot 2\sqrt{R^2 - \xi^2}\,d\xi \\
&= \frac{Q}{2I\sqrt{R^2 - y^2}} \left[ -\frac{2}{3}(R^2 - \xi^2)^{3/2} \right]_y^R = \frac{Q}{3I}(R^2 - y^2) \quad (5.4)
\end{aligned}
$$

が得られる。

さて，図 **5.5** に示すように，断面内で中立軸から $y$ だけ離れた位置に微小帯 S-S を考えれば，S-S には上式で示される $y$ 軸方向のせん断応力が生じている。しかし，左右の自由表面においては，面の法線方向に応力は生じ得ないので，せん断応力は接線方向を向いていなければならない。つまり，左右の表面において接線方向を向いているせん断応力を $\tau_m$ とすると，その鉛直方向成分が上式で表される $\tau(y)$ ということである。また断面は $y$ 軸に対して対称であるから，$y$ 軸上の点のせん断応力は $y$ 軸方向を向いている。そこで，つぎのように仮定

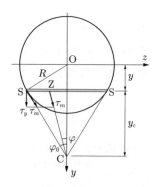

図 **5.5**　円形断面はりの
せん断応力

する。

微小帯 S-S の左右の自由表面の接線と $y$ 軸の交点を C とし，S-S 上の任意の位置 Z でのせん断応力を $\tau_m$ としたとき，$\tau_m$ の作用線はすべて点 C を通ると仮定する。また，$\tau_m$ の鉛直方向成分が式 (5.4) で表される $\tau(y)$ であるとする。すなわち，$\angle \mathrm{ZCO} = \varphi$ とすると

$$\tau_m(y,z) = \frac{\tau(y)}{\cos\varphi} \tag{5.5}$$

となる。図 5.5 を参照して，幾何学的関係より

$$\tan\varphi_0 = \frac{\sqrt{R^2 - y^2}}{y_C} = \frac{y}{\sqrt{R^2 - y^2}} \qquad \Rightarrow \qquad y_C = \frac{R^2 - y^2}{y}$$

となるから

$$\cos\varphi = \frac{y_C}{\sqrt{y_C^2 + z^2}} = \frac{R^2 - y^2}{\sqrt{(R^2 - y^2)^2 + y^2 z^2}}$$

である。これと式 (5.4) を式 (5.5) に代入すると

$$\tau_m(y,z) = \frac{Q}{3I}\sqrt{(R^2 - y^2)^2 + y^2 z^2}$$

が得られる。

最大のせん断応力は中立軸上 $(y = 0)$ で生じる。中立軸上ではせん断応力は鉛直方向を向いているので，$\tau_m$ と $\tau$ は同じとなり

$$\tau_m(0,z) = \tau(0) = \frac{QR^2}{3I}$$

となる。これに $I = \pi R^4/4$ を代入すると

$$\tau_{\max} = \frac{4}{3}\frac{Q}{\pi R^2} \tag{5.6}$$

が得られる。このように円形断面はりの場合には，最大せん断応力は平均せん断応力の 4/3 倍になる。

## 5.3　せん断力によるたわみ

　前節でみたように，せん断応力は断面内で一様ではないため，断面内のせん断変形の大きさも一様ではなく，はじめ軸線に垂直であった断面は曲面に変形すると考えられる。よって，せん断変形が著しければ，ベルヌーイ・オイラーの仮定は成り立たなくなる。

　せん断力による軸線の変形を考えてみよう。**図 5.6** に示すのは，はりの側面図であり，そのうちの微小区間 $dx$ の変形を考える。中立面をはさむ微小領域に働くせん断応力は，中立軸位置のせん断応力とほぼ等しい。このせん断応力によって，直方体 ABCD は $AB'C'D$ のように変形し，せん断変形 $dv_s$ は

$$dv_s = \gamma dx = \frac{\tau_n}{G} dx$$

と表される。ただし，$\gamma$, $\tau_n$ は中立軸位置におけるせん断ひずみとせん断応力，$G$ はせん断弾性係数である。よって，ある基準位置 $x_0$ でのせん断変形を $v_0$ とおけば，任意の位置におけるせん断変形 $v_s$ は

$$v_s = v_0 + \int_{x_0}^{x} dv_s = v_0 + \frac{1}{G} \int_{x_0}^{x} \tau_n dx \tag{5.7}$$

と表される。

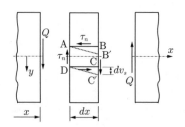

**図 5.6**　はりのせん断変形

　例として，自由端で鉛直荷重 $P$ を受ける長さ $L$ の片持ちばりのたわみを計算してみよう。はりの断面は幅 $b$，高さ $h$，面積 $A(= bh)$ の長方形断面であるとする。せん断力 $Q$ はどの位置においても $Q = P$ である。固定端を基準位置

にとれば，そこでは $v_0 = 0$ である。また，長方形断面では式 (5.3) より

$$\tau_n = \frac{3}{2}\frac{P}{A}$$

であるから，式 (5.7) より，せん断力による自由端のたわみは

$$v_s = \frac{1}{G}\int_0^L \tau_n dx = \frac{3PL}{2GA}$$

となる。$GA$ は**せん断剛性**（shear rigidity）と呼ばれる。

　一方，曲げモーメントによって生じる自由端のたわみは式 (4.30) より

$$v_b = \frac{PL^3}{3EI} = \frac{4PL^3}{Ebh^3} = \frac{4PL^3}{EAh^2}$$

である。両者の比をとってみると

$$\frac{v_s}{v_b} = \frac{3PL}{2GA}\cdot\frac{EAh^2}{4PL^3} = \frac{3E}{8G}\left(\frac{h}{L}\right)^2$$

となる。表 2.1 に示したように，典型的な材料では $E/G$ の値は 2.6 程度であるので

$$\frac{v_s}{v_b} = \frac{3}{8}\times 2.6\times\left(\frac{h}{L}\right)^2 \simeq \left(\frac{h}{L}\right)^2$$

となる。例えばはりの長さがはりの高さの 10 倍であれば，両者の比は 1% にとどまり，せん断力による変形は無視できる。逆に，高さに比して短いはりの変形には，せん断変形と曲げ変形をともに考慮する必要がある。

## 章 末 問 題

【1】 式 (5.2) に示す，幅 $b$，高さ $h$ の長方形断面に生じるせん断応力分布が，$Q = \int_A \tau dA$ を満足していることを確かめよ。

【2】 図 5.7 に示すような断面形状を有するはりに，鉛直下向きに 40 kN のせん断力が作用するとき，断面に生じるせん断応力分布を求めよ。

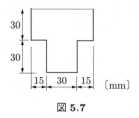

図 **5.7**

【**3**】 幅 $b$, 高さ $h$ の長方形断面を有する支間長 $L$ の単純ばりが, 支間中央で鉛直下向きの集中荷重を受けている。せん断による支間中央でのたわみと, 曲げによるそれとの比を求めよ。ただし弾性係数は $E = 2.0 \times 10^5 \, \mathrm{N/mm^2}$, せん断弾性係数は $G = 7.7 \times 10^4 \, \mathrm{N/mm^2}$ とする。

# 6 ねじりを受ける部材の力学

## 6.1 ねじりを受ける部材

　図 **6.1** のように座標系をとったとき，部材軸（$x$ 軸）まわりに断面を回転させようとする力をねじりモーメントという。部材にねじりモーメントが作用すると，断面にせん断応力が発生する。

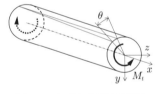

図 **6.1**　ねじりを受ける部材

図 **6.2**　そ　り

　これに加え，ねじりモーメントは部材軸方向への変位を生じさせる。紙を丸めて円筒状にし，それにねじりを加えてみると**図 6.2** のように変形する。このように，ねじりを受ける部材の断面には一般に部材軸方向への変位が生じ，この変位をそり（warping）と呼ぶ。

　そりを拘束しない場合には，ねじりによるせん断応力のみを考えればよい。このような問題を**単純ねじり**（simple torsion）または**サン・ブナンのねじり**（St.Venant torsion）という。そりが拘束される場合のねじりの問題は，**そり拘束ねじり**，**そりねじり**（warping torsion）と呼ばれる。そり拘束ねじりでは部材軸方向に垂直応力が生じるなど，複雑な応力状態となる。本章では単純ね

じりについて解説する。

## 6.2 ねじりモーメントによるせん断応力

図 6.1 に示すように，ねじりモーメント $M_t$ により部材に $\theta$ のねじり角（torsional angle）が生じたとする。部材が等断面であるとすると，$x$ 方向の単位長さ当りの回転角の変化 $\omega = d\theta/dx$ は一定であると考えることができる。この $\omega$ をねじり率（torsional angle per unit length）と呼ぶ。これを用いると，任意断面の回転角は $\theta = \omega x$ と表される。

さて，図 6.3 のように，任意断面上において座標 $(y, z)$ の点がねじりによって $\theta$ だけ回転したとき，それぞれの方向の変位を $v$, $w$ とすると，新しい座標は

$$y + v = r\cos(\theta + \alpha), \quad z + w = r\sin(\theta + \alpha)$$

で表される。変形が微小であるとすると

$$y + v = r(\cos\theta\cos\alpha - \sin\theta\sin\alpha) = y - z\theta$$

$$z + w = r(\sin\theta\cos\alpha + \cos\theta\sin\alpha) = y\theta + z$$

であり，両式より

$$v = -z\theta = -\omega x z, \quad w = y\theta = \omega x y \tag{6.1}$$

が得られる。

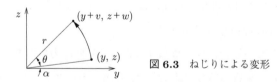

図 6.3 ねじりによる変形

前述のように，ねじりを受けると一般に断面にはそり，すなわち $x$ 軸方向の変位 $u$ が発生する。等断面部材であれば，そりはすべての断面について同じであると考えてよいので，これを $y$, $z$ のみの関数として

$$u(y, z) = \omega\varphi(y, z) \tag{6.2}$$

と表そう。$\varphi$ はそり関数（warping function）と呼ばれ，長さの 2 乗の次元を持つ。具体的なそり関数については後ほど述べることとし，ここではそりがこのように表されるものとして話を先に進めよう。

各方向の変位が

$$u = \omega\varphi, \quad v = -\omega x z, \quad w = \omega x y$$

と表現された。後述するように，変位とひずみとの間には式 (7.12) で表される関係がある。これによると

$$\varepsilon_x = \frac{\partial u}{\partial x} = 0, \quad \gamma_{xy} = \gamma_{yx} = \frac{\partial u}{\partial y} + \frac{\partial v}{\partial x} = \omega\left(\frac{\partial\varphi}{\partial y} - z\right)$$

$$\varepsilon_y = \frac{\partial v}{\partial y} = 0, \quad \gamma_{yz} = \gamma_{zy} = \frac{\partial v}{\partial z} + \frac{\partial w}{\partial y} = 0$$

$$\varepsilon_z = \frac{\partial w}{\partial z} = 0, \quad \gamma_{zx} = \gamma_{xz} = \frac{\partial u}{\partial z} + \frac{\partial w}{\partial x} = \omega\left(\frac{\partial\varphi}{\partial z} + y\right)$$

となる。0 でないひずみ成分は $\gamma_{xy}$, $\gamma_{xz}$ のみであり，対応するせん断応力が

$$\left.\begin{array}{l}\tau_{xy} = G\gamma_{xy} = G\omega\left(\dfrac{\partial\varphi}{\partial y} - z\right) \\[3mm] \tau_{xz} = G\gamma_{xz} = G\omega\left(\dfrac{\partial\varphi}{\partial z} + y\right)\end{array}\right\} \tag{6.3}$$

と求められる。ただし $G$ はせん断弾性係数である。ここで，$\tau_{xy}$ は断面に生じている $y$ 軸方向のせん断応力，$\tau_{xz}$ は断面に生じている $z$ 軸方向のせん断応力を表している。せん断応力はベクトルとして表され，その $y$ 方向成分が $\tau_{xy}$, $z$ 方向成分が $\tau_{xz}$ という意味である[†]。単純ねじりの場合，上式で示されるせん断応力以外の応力はすべて 0 であり，垂直応力は生じない。

このように，せん断応力がねじり率とそり関数により表された。では，ねじり率 $\omega$ はどのようにして求められるだろうか。これは，断面に生じるせん断応

---

[†]　せん断応力がベクトルとして扱えること，$\tau_{xy}$, $\tau_{xz}$ の添え字の意味などは次章で説明する。

力から計算されるねじりモーメントと，外力のねじりモーメント $M_t$ とが等しいという条件により求めることができる。

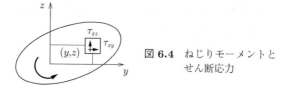

図 **6.4** ねじりモーメントと
　　　せん断応力

図 **6.4** はねじりモーメントによって部材断面に生じているせん断応力を表したものである。微小領域に生じている $y$ 方向の力は $\tau_{xy}dA$ であり，それによって生じる原点まわりのモーメントは $z \cdot \tau_{xy}dA$ である。$z$ 方向の力は $\tau_{xz}dA$ で，原点まわりのモーメントは $y \cdot \tau_{xz}dA$ となる。よって，反時計回りを正とすると，せん断応力から計算されるねじりモーメントは

$$\int_A (-z \cdot \tau_{xy} + y \cdot \tau_{xz})dA$$

である。これが $M_t$ とつり合わなければならないから

$$M_t = \int_A (-z \cdot \tau_{xy} + y \cdot \tau_{xz})dA$$

となる。これに式 (6.3) を代入すると

$$M_t = G\omega \int_A \left( y^2 + z^2 + \frac{\partial \varphi}{\partial z}y - \frac{\partial \varphi}{\partial y}z \right) dA$$

となる。上式の積分は長さの 4 乗の次元を持つ断面に固有の値であり，**ねじり定数**（torsion constant）と呼ばれる。これを $J$ とおいて上式を変形すると

$$\omega = \frac{M_t}{GJ} \tag{6.4}$$

が得られる。$GJ$ を**ねじり剛性**（torsional rigidity）と呼ぶ。種々の断面におけるねじり剛性を**表 6.1** に示す。

**表 6.1** ねじり剛性

| 断　面　形 | ねじり剛性 $GJ$ | 最大せん断応力 $\tau_{\max}$ | $a/b$ | $k_1$ | $k_2$ |
|---|---|---|---|---|---|
| 円（直径 $d$） | $\dfrac{\pi d^4}{32}G$ | $\dfrac{16}{\pi d^3}M_t$ | 1.0 | 0.208 2 | 0.140 6 |
| | | | 2.0 | 0.245 9 | 0.228 7 |
| 中空円（$d_2,\ d_1$） | $\dfrac{\pi(d_2^{\,4}-d_1^{\,4})}{32}G$ | $\dfrac{16d_2}{\pi(d_2^{\,4}-d_1^{\,4})}M_t$ | 3.0 | 0.267 2 | 0.263 3 |
| | | | 4.0 | 0.281 7 | 0.280 8 |
| | | | 5.0 | 0.291 5 | 0.291 3 |
| 長方形（$a,\ b$） | $k_2 ab^3 G$ | $\dfrac{1}{k_1 ab^2}M_t$ | 6.0 | 0.298 4 | 0.298 3 |
| | | | 7.0 | 0.303 3 | 0.303 3 |
| | | | 8.0 | 0.307 1 | 0.307 1 |
| 閉断面（$F,\ s,\ t$） | $\dfrac{4F^2}{\displaystyle\oint \frac{ds}{t}}G$ | $\dfrac{1}{2Ft_{\min}}M_t$ | 9.0 | 0.310 0 | 0.310 0 |
| | | | 10.0 | 0.312 3 | 0.312 3 |
| | | | $\infty$ | 0.333 3 | 0.333 3 |
| 箱形（$a,\ b,\ t,\ t_1$） | $\dfrac{2tt_1\alpha^2\beta^2}{t\alpha + t_1\beta}G$　$\alpha = a-t$　$\beta = b-t_1$ | 短辺で $\dfrac{1}{2t\alpha\beta}M_t$　長辺で $\dfrac{1}{2t_1\alpha\beta}M_t$ | | | |

## 6.2.1　円形断面部材のせん断応力分布

図 6.1 に示すような円形断面を有する部材にねじりモーメントが作用する場合を考える。断面の半径は $R$ とする。円形断面は中心を通る全軸に対して対称であるから，そりは生じ得ない。よって $\varphi = 0$ であり，式 (6.3) より

$$(\tau_{xy}, \tau_{xz}) = G\omega(-z, y)$$

となる。このせん断応力ベクトルは位置ベクトル $(y, z)$ と直交しているから，せん断応力は $\theta$ 方向（周方向）を向いており，その大きさは

$$\tau_\theta = \sqrt{\tau_{xy}^2 + \tau_{xz}^2} = G\omega\sqrt{z^2 + y^2} = G\omega r \tag{6.5}$$

である。また，表 6.1 によれば，円形断面のねじり剛性は

$$GJ = \frac{\pi d^4}{32}G = \frac{\pi R^4}{2}G$$

なので，式 (6.4) より

$$\omega = \frac{2M_t}{\pi R^4 G}$$

である。これを式 (6.5) に代入すると

$$\tau_\theta(r) = \frac{2M_t}{\pi R^4} r \tag{6.6}$$

が得られる。

以上より，ねじりによって円形断面に生じるせん断応力は，図 **6.5** に示すように $\theta$ 方向のみに生じ，その大きさは中心からの距離に比例する。最大のせん断応力は外周で生じ

$$\tau_{\theta,\max} = \frac{2M_t}{\pi R^3} \tag{6.7}$$

である。

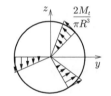

**図 6.5** 円形断面のせん断
応力分布

### 6.2.2 開断面部材のせん断応力分布

図 **6.6**(a) に示すように自由縁を有する断面を **開断面** (open section) という。ここでは，開断面の代表例として細長い長方形断面を取り上げる。

(a) 形 状　(b) せん断応力分布

**図 6.6** 開断面

図 **6.7**(a) に示すような長方形断面を有する部材がねじりモーメント $M_t$ を受けているものとする。幅厚比 $h/t$ は十分に大きいものとしよう。この場合，上下端部以外の部分でのそり関数は $\varphi = yz$ で表されることがわかっている。これを図示すると図 **6.8** のようになり，$y$ 軸および $z$ 軸上ではそりは 0 である。このそり関数を式 (6.3) に代入すると

$$\tau_{xy} = 0, \quad \tau_{xz} = 2G\omega y \tag{6.8}$$

が得られる。また，表 6.1 によれば，幅厚比 $h/t$ が十分に大きいとき，ねじり剛性は $GJ = Ght^3/3$ であるので，式 (6.4) より

$$\omega = \frac{3M_t}{Ght^3}$$

となる。これを式 (6.8) に代入すると，せん断応力が

$$\tau_{xy} = 0, \quad \tau_{xz} = \frac{6M_t}{ht^3}y$$

と求められる。このせん断応力分布を図 6.7(b) に示す。上下端部を除いて，せん断応力は $z$ 軸方向のみに生じ，板厚中心線上では 0 となる。最大のせん断応力は板の表面で生じ

$$\tau_{xz,\text{max}} = \frac{3M_t}{ht^2} \tag{6.9}$$

である。

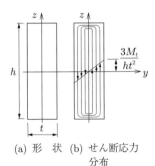

(a) 形　状　(b) せん断応力
分布

**図 6.7** 長方形断面

**図 6.8** 長方形断面のそり

このように，一般に開断面においては，板厚中心線を挟んで方向の異なるせん断応力が生じ，その大きさは板厚中心線からの距離に比例する。板厚中心線上ではせん断応力は 0 となる。

複数の長方形板から構成される断面のねじり剛性は，各板のねじり剛性を $J_i$ とするとき，近似的に

$$GJ = G\sum_{i=1}^{n} J_i = G\sum_{i=1}^{n} \frac{h_i t_i^3}{3}$$

で与えられる。ここに，$n$ は板の数であり，$h_i$, $t_i$ はそれぞれの板幅と板厚である。例えば図 **6.9**(a) に示すような断面に対しては

$$GJ = G\frac{h_1 t_1^3 + h_2 t_2^3 + h_3 t_3^3}{3}$$

と近似できる。この断面にねじりモーメント $M_t$ が作用するとき，各板によって負担されるねじりモーメントを $M_{ti}$ とする。各板に生じるねじり率と断面全体のねじり率は等しくなければならないので

$$\frac{M_{ti}}{GJ_i} = \frac{M_t}{GJ}$$

でなければならない。よって式 (6.9) より，各板に生じる最大のせん断応力は

$$\tau_{i,\mathrm{max}} = \frac{3M_{ti}}{h_i t_i^2} = \frac{3}{h_i t_i^2}\frac{J_i}{J}M_t = \frac{M_t}{J}t_i \quad (i=1,2,3)$$

となり，板厚が最も大きな板に最大のせん断応力が生じる。この例題の場合のせん断応力の流れを図 6.9(b) に示しておく。

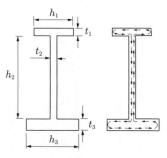

(a) 形　状　(b) せん断応力分布

図 **6.9** I 形断面

### 6.2.3　閉断面部材のせん断応力分布

図 **6.10**(a) に示すような**閉断面**（closed section）を有する部材がねじりを受ける場合を考えよう。閉断面においては，充実断面の中央部がなくなった状態を思い浮かべればわかるように，せん断応力は図 6.10(b) に示すように 1 方向に生じる。ここでは板厚は十分に薄く，板厚内でせん断応力は一定とみなせるとする。

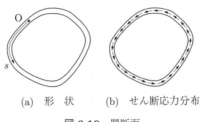

(a)　形　状　　(b)　せん断応力分布

図 **6.10**　閉断面

図 **6.11** に示すように，板厚中心線に沿って $s$ 軸をとり，回転中心を点 S とする。任意の点 P におけるせん断応力を $\tau_s$，板厚を $t$ とする。せん断応力は板厚中心線の接線方向に生じている。また，点 P において板厚中心線の接線を引き，点 S から接線に引いた垂線の長さを $r$ とする。

微小区間 $ds$ において，せん断応力による力は $\tau_s t\, ds$，それによるモーメントは $r \cdot \tau_s t\, ds$ であるので，それを板厚中心線に沿って 1 周積分したものがねじりモーメントに等しくなければならない。すなわち，ねじりモーメントを $M_t$ とすると

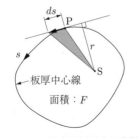

図 **6.11**　薄肉閉断面内の座標

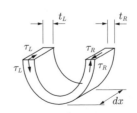

図 **6.12**　微小要素の力のつり合い

$$M_t = \oint r \cdot \tau_s t \, ds \tag{6.10}$$

である。ただし $\oint$ は周積分を表す。

ここで，図 **6.12** に示すような要素を考える。後述するように，鉛直の断面に生じているせん断応力と，水平面に生じているせん断応力の大きさは等しい。よって，水平方向の力のつり合いより $\tau_L t_L dx = \tau_R t_R dx$，つまり $\tau_L t_L = \tau_R t_R$ の関係が得られる。これは，せん断応力のみしか生じていない閉断面の場合，$s$ 軸に沿ったどの位置においてもせん断応力と板厚の積が一定であることを示している。せん断応力を流速に，板厚を水路幅に見立てると，これは流量一定を意味しており，この連想から，せん断応力と板厚の積を**せん断流**（shear flow）と呼ぶ。せん断流を $q(= \tau_s \cdot t)$ とおくと，式 (6.10) は

$$M_t = q \oint r \, ds \tag{6.11}$$

となる。さらに，図 6.11 をみると，$r \, ds$ は点 S と $ds$ からなる三角形の面積の 2 倍に等しいから，それを 1 周積分した値は，板厚中心線で囲まれる領域の面積の 2 倍となる。すなわち，板厚中心線で囲まれる領域の面積を $F$ とすると，$\oint r \, ds = 2F$ となる。よって

$$M_t = 2qF$$

以上より，せん断応力が

$$\tau_s = \frac{q}{t} = \frac{M_t}{2Ft} \tag{6.12}$$

と求められる。最大のせん断応力は最も板厚の薄い箇所で生じる。

# 章 末 問 題

【 1 】　丸棒のねじりのところで説明した内容は，図 **6.13** に示す中空円形断面についてもそのまま適用できる。図に示す断面を有するはりに $M = 0.1\,\mathrm{kN \cdot m}$ のねじりモーメントが作用するときの最大せん断応力を求めよ。

図 **6.13**

【2】 図 **6.14** に示す開断面について以下の問に答えよ。

(1) ねじり剛性を計算せよ。ただし $G = 7.7 \times 10^4 \, \text{N/mm}^2$ とする。

(2) この断面を有するはりに $M_t = 0.1 \, \text{kN·m}$ のねじりモーメントが作用する
ときの最大せん断応力を求めよ。

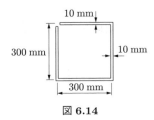

図 **6.14**

【3】 図 **6.15** に示す閉断面（前問の断面と断面積は同一である）について以下の問
に答えよ。

(1) ねじり剛性を計算せよ。ただし $G = 7.7 \times 10^4 \, \text{N/mm}^2$ とする。

(2) この断面を有するはりに $M_t = 0.1 \, \text{kN·m}$ のねじりモーメントが作用する
ときの最大せん断応力を求めよ。

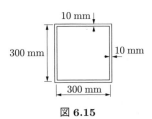

図 **6.15**

# 7 一般的な応力とひずみ

## 7.1 任意形状の物体の応力とひずみ

これまでは物体を仮想的に切断して断面力を求め，断面力から応力を計算する手法について説明してきた。しかし，軸力部材やはりのように，断面力が明確で，それを基に応力が求められるのは，じつはきわめて限られた場合である。任意形状を有する物体が任意の方向の外力を受ける場合，物体に応力が生じていることはわかっていても，その大きさを理論的に求めることは，ほとんどの場合において不可能である。これを求めるには，有限要素解析などの近似解法に頼らざるをえない。

ただし，一般的な場合の応力やひずみがどのように表現され，また，それらにどのような性質があるのかを知っておくことは必要である。本章では，一般的な問題における応力とひずみの取扱いについて説明する。

## 7.2 一般的な応力の表示法

これまでに軸力とせん断力，それに対応する垂直応力とせん断応力を説明してきたが，じつは，これらはいずれもベクトルの成分に付されている名称である。繰返し述べてきたように，任意形状の物体の内部に仮想的な断面を設けたとき，その断面には断面力が生じている。この断面力はベクトルであり，**図 7.1**に示すように，一般にその方向は切断面に対して傾いている。このベクトルを

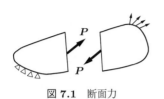

図 **7.1**　断面力

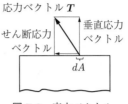

図 **7.2**　応力ベクトル

切断面に垂直なベクトルと平行なベクトルに分解したとき，前者の大きさを軸力（この場合には垂直力と呼ぶ方が適切かもしれない），後者の大きさをせん断力と呼ぶ。

　応力についても同様である。式 (2.1) は軸力のみが生じているとして説明したものであるが，一般的な応力は，断面力をベクトル **P** と表したときに

$$T = \lim_{dA \to 0} \frac{d\boldsymbol{P}}{dA} \tag{7.1}$$

で定義される力学量である。これを**応力ベクトル**（stress vector）または**表面力**（traction）という。**図 7.2** に示すように，応力ベクトルも切断面に垂直なベクトルと平行なベクトルに分解することができる。ここでは前者を垂直応力ベクトル，後者をせん断応力ベクトルと呼ぶこととする。それぞれの大きさが垂直応力，せん断応力である。

　さて，垂直応力とせん断応力の一般的な表記法について説明しよう。薄い板の任意の点から**図 7.3** に示すように微小な長方形を切り出す。応力は $x$–$y$ 面内のみに生じており，2 次元の応力場であるとする。長方形が十分に微小であれば，四つの切出し面に生じている応力はそれぞれ一定値とみなすことができる。切り出した長方形に沿って直交座標系を設定し，それぞれの面に生じている応力を図のように表す。以下，$x$ 軸に垂直な面（法線ベクトルが $x$ 軸方向である面）を $x$ 面，$y$ 軸に垂直な面を $y$ 面と呼ぶ。

　ここで，二つ約束事をする。

　図 (a) に示すように，応力は $\sigma_{ij}$ と表す。これらを**応力成分**（stress component）という。このとき，添え字 $i$ は面の向き（法線ベクトル方向）を表し，添え字

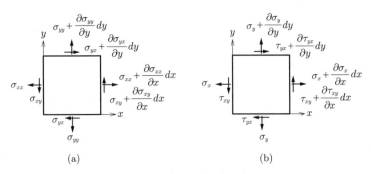

図 **7.3** 応力成分の表示法

$j$ は応力の方向を表す。例えば，$\sigma_{xx}$ は $x$ 面に生じている $x$ 軸方向の応力を表す。$\sigma_{xy}$ は $x$ 面に生じている $y$ 軸方向の応力を表す。少し考えればわかるが，$i$ と $j$ が同じものは垂直応力，異なるものはせん断応力である。2 次元応力場における応力成分は

$$\begin{bmatrix} \sigma_{xx} & \sigma_{xy} \\ \sigma_{yx} & \sigma_{yy} \end{bmatrix}$$

の四つである。垂直応力を $\sigma$ で，せん断応力を $\tau$ で表し，さらに，垂直応力は添え字の重なりが煩わしいので，例えば $\sigma_{xx}$ などを単に $\sigma_x$ として

$$\begin{bmatrix} \sigma_x & \tau_{xy} \\ \tau_{yx} & \sigma_y \end{bmatrix} \tag{7.2}$$

と記述することも多い。これで示したのが図 (b) である。以下，本書でもこれに従うものとする。

つぎに，応力の正負についてつぎのように取り決める。その面の外向き法線ベクトルが座標軸の正の方向を向いている場合には，座標軸の正の方向を向く応力を正とする。外向き法線ベクトルが座標軸の負の方向を向いている面においては，座標軸の負の方向を向く応力を正とする。図 7.3 を再度確認しよう。図に示してある矢印の方向が，応力の正の方向である。

## 7.3  微小長方形の力のつり合い

切り出した微小長方形も自由物体であるから，断面力はつり合っていなければならない。再び図 7.3(b) をみてみよう。まず，$x$ 軸方向の力のつり合いを考えてみる。$x$ 軸方向を向いている応力成分に断面積を乗じて求められる断面力がつり合っていなければならないので，板厚を $t$ とすると

$$\left(\sigma_x + \frac{\partial \sigma_x}{\partial x}dx\right)tdy - \sigma_x tdy + \left(\tau_{yx} + \frac{\partial \tau_{yx}}{\partial y}dy\right)tdx - \tau_{yx}tdx = 0$$

でなければならない。$y$ 軸方向についても同じように考えると次式が得られる。

$$\left(\sigma_y + \frac{\partial \sigma_y}{\partial y}dy\right)tdx - \sigma_y tdx + \left(\tau_{xy} + \frac{\partial \tau_{xy}}{\partial x}dy\right)tdy - \tau_{xy}tdy = 0$$

これらを整理すると

$$\left.\begin{array}{l} \dfrac{\partial \sigma_x}{\partial x} + \dfrac{\partial \tau_{yx}}{\partial y} = 0 \\[2mm] \dfrac{\partial \tau_{xy}}{\partial x} + \dfrac{\partial \sigma_y}{\partial y} = 0 \end{array}\right\} \tag{7.3}$$

となる。これを**平衡方程式**（equilibrium equation）という。つり合い状態にある物体内の応力はこの条件を満足していなければならない。

つぎに，モーメントのつり合いを考えてみよう。長方形の図心まわりのモーメントを考える。このとき，モーメントには，垂直応力成分に関する断面力（軸力）は寄与せず，せん断応力成分に関する断面力（せん断力）のみが関連することになる。図心まわりのモーメントのつり合い式は

$$\left(\tau_{xy} + \frac{\partial \tau_{xy}}{\partial x}dx\right)tdy\frac{dx}{2} + \tau_{xy}tdy\frac{dx}{2}$$
$$- \left(\tau_{yx} + \frac{\partial \tau_{yx}}{\partial y}dy\right)tdx\frac{dy}{2} - \tau_{yx}tdx\frac{dy}{2} = 0$$

であり，これを整理すると

$$\tau_{xy} + \frac{1}{2}\frac{\partial \tau_{xy}}{\partial x}dx = \tau_{yx} + \frac{1}{2}\frac{\partial \tau_{yx}}{\partial y}dy$$

が得られる。$dx \to 0$, $dy \to 0$ の極限を考えれば

$$\tau_{xy} = \tau_{yx} \tag{7.4}$$

となる。以上より，応力成分は式 (7.2) に示す四つであるが，独立な成分は $\sigma_x$，$\sigma_y$，$\tau_{xy}$ の三つである。

つぎに，物体の表面における力のつり合いについて整理しておく。物体の表面のうち，拘束がなく外力も作用していない表面を**自由表面**（free surface）という。自由表面では面に力が作用していないので，法線方向の垂直応力と，その面上のせん断応力は 0 でなければならない。例えば図 7.3(b) において，$x$ 面（法線が $x$ 軸方向の面）が自由表面であるとすると，その表面上では $\sigma_x = \tau_{xy}(= \tau_{yx})=0$ でなければならない。要するに，その面の法線方向の添え字（ここの例では $x$）を含む応力成分がすべて 0 でなければならないということである。$\sigma_y$ は 0 でなくてもかまわない。

## 7.4　ひずみと変位の関係

応力に対応して，ひずみにもつぎの四つの**ひずみ成分**（strain component）を考える。

$$\begin{bmatrix} \varepsilon_x & \gamma_{xy} \\ \gamma_{yx} & \varepsilon_y \end{bmatrix}$$

添え字の意味は応力のそれと同じであり，$\varepsilon_x$，$\varepsilon_y$ が垂直ひずみ，$\gamma_{xy}$，$\gamma_{yx}$ がせん断ひずみである。これらのひずみ成分を変位で表現してみることにする。

物体が力を受けて変形したとき，物体内の任意の点の，変形前後の位置を結んだベクトルを**変位ベクトル**（displacement vector）という。変位ベクトルの $x$，$y$ 成分を $u$，$v$ と表すことにする。微小長方形が**図 7.4** に示すように変形したとして，各点での変位を図中のように近似する。

変形による $x$ 方向への伸びは

$$\left(u_0 + \frac{\partial u}{\partial x}dx\right) - u_0 = \frac{\partial u}{\partial x}dx$$

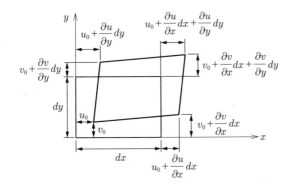

**図 7.4** 微小長方形の変形

であるから，これを元の長さ $dx$ で除すことにより，垂直ひずみは

$$\varepsilon_x = \frac{\partial u}{\partial x}$$

となる。$y$ 方向についても同様に考えると

$$\varepsilon_y = \frac{\partial v}{\partial y}$$

が得られる。

　つぎに，せん断ひずみについて考えてみよう。図 2.5 に示す $\lambda$ に相当するのは

$$\left(u_0 + \frac{\partial u}{\partial y}dy\right) - u_0 = \frac{\partial u}{\partial y}dy \quad \text{および} \quad \left(v_0 + \frac{\partial v}{\partial x}dx\right) - v_0 = \frac{\partial v}{\partial x}dx$$

である。これらをそれぞれの元の辺長で除して足すことにより

$$\gamma_{xy} = \frac{\frac{\partial u}{\partial y}dy}{dy} + \frac{\frac{\partial v}{\partial x}dx}{dx} = \frac{\partial u}{\partial y} + \frac{\partial v}{\partial x}$$

となる。

　以上をまとめると，変位ベクトルで表現したひずみ成分はつぎのようになる。

$$\begin{bmatrix} \varepsilon_x & \gamma_{xy} \\ \gamma_{yx} & \varepsilon_y \end{bmatrix} = \begin{bmatrix} \dfrac{\partial u}{\partial x} & \dfrac{\partial u}{\partial y} + \dfrac{\partial v}{\partial x} \\ \dfrac{\partial v}{\partial x} + \dfrac{\partial u}{\partial y} & \dfrac{\partial v}{\partial y} \end{bmatrix} \tag{7.5}$$

明らかに $\gamma_{xy} = \gamma_{yx}$ であるから，独立な成分は $\varepsilon_x$，$\varepsilon_y$，$\gamma_{xy}$ の三つである。また，式 (7.5) からわかるように，ひずみ成分の間には式 (7.6) の関係がある。

$$\frac{\partial^2 \varepsilon_x}{\partial y^2} + \frac{\partial^2 \varepsilon_y}{\partial x^2} = \frac{\partial^2 \gamma_{xy}}{\partial x \partial y} \tag{7.6}$$

これを**適合条件式**（compatibility equation）という。

---

**例題 7.1**　図 **7.5** に示すように自由端に荷重 $P$ が作用している長さ $L$ の片持ちばりを考える。はりの断面は高さ $h$，幅 $b$ の長方形である。このはりに生じている曲げ応力 $\sigma_x$ と平衡方程式から $\tau_{xy}(= \tau_{yx})$ を求めよ。

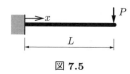

図 **7.5**

---

**【解答】**　固定端から右向きに $x$ 軸をとると，曲げモーメントは $M = -P(L-x)$，断面 2 次モーメントは $I = bh^3/12$ であるから，曲げ応力とその微分は

$$\sigma_x = \frac{M}{I}y = -\frac{12P}{bh^3}(L-x)y, \quad \frac{\partial \sigma_x}{\partial x} = \frac{12P}{bh^3}y$$

である。上式を平衡方程式に代入して解くと

$$\tau_{yx} = -\int \frac{\partial \sigma_x}{\partial x}dy = -\frac{6P}{bh^3}y^2 + f(x)$$

となる。はりの上下面 $(y = \pm h/2)$ では $\tau_{yx} = 0$ なので $f(x) = \dfrac{3P}{2bh}$ と定まり

$$\tau_{yx} = \frac{3P}{2bh^3}\left(h^2 - 4y^2\right)$$

と，式 (5.2) と同じ式が得られる。　　　　　　　　　　　　　　　　　　　$\diamondsuit$

## 7.5　応力とひずみの関係（その 2）

1 方向，例えば $x$ 軸方向のみに引張力が生じている物体の変形は図 **7.6** のようになり，$x$ 軸方向には伸びるが，それと直交する $y$ 軸方向には縮む。逆に $x$ 軸方向に圧縮すると $y$ 軸方向には膨らむ。力を受けている方向のひずみを**縦ひずみ**（longitudinal strain），それと直交する方向のひずみを**横ひずみ**（transverse strain）という。縦ひずみを $\varepsilon_x$，横ひずみを $\varepsilon_y$ としたとき

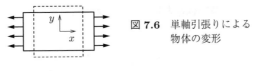

図 **7.6** 単軸引張りによる
物体の変形

$$\nu = -\frac{\varepsilon_y}{\varepsilon_x} \tag{7.7}$$

を**ポアソン比**（Poisson's ratio）という。ポアソン比は弾性係数と並んで重要な材料定数であり，0.25〜0.5 程度の値をとることが多い。

ポアソン比を用いると，上記の垂直ひずみを

$$\varepsilon_x = \frac{1}{E}\sigma_x, \quad \varepsilon_y = -\nu\varepsilon_x = -\frac{\nu}{E}\sigma_x$$

と表すことができる。$y$ 軸方向のみに応力が生じている場合についても同じように考えると

$$\varepsilon_y = \frac{1}{E}\sigma_y, \quad \varepsilon_x = -\nu\varepsilon_y = -\frac{\nu}{E}\sigma_y$$

が得られる。

$x$ 軸と $y$ 軸の 2 方向に任意の大きさの垂直応力が同時に生じている場合の応力とひずみの関係は，上の 2 式を足し合わせればよい。また，せん断応力とせん断ひずみの関係はこれまでどおりである。以上をまとめると，つぎの関係が得られる。

$$\left.\begin{aligned}
\varepsilon_x &= \frac{1}{E}(\sigma_x - \nu\sigma_y) \\
\varepsilon_y &= \frac{1}{E}(\sigma_y - \nu\sigma_x) \\
\gamma_{xy} &= \frac{\tau_{xy}}{G}
\end{aligned}\right\} \tag{7.8}$$

応力について解けば

$$\left.\begin{aligned}
\sigma_x &= \frac{E}{1-\nu^2}(\varepsilon_x + \nu\varepsilon_y) \\
\sigma_y &= \frac{E}{1-\nu^2}(\varepsilon_y + \nu\varepsilon_x) \\
\tau_{xy} &= G\gamma_{xy}
\end{aligned}\right\} \tag{7.9}$$

これらが線形弾性体の薄い板における応力–ひずみ関係を表す式である。2次元のフック則とも呼ばれる。

## 7.6　3次元における応力とひずみ

　本章でここまで述べてきたことは，3次元の問題に対しても容易に拡張できる。証明は各人に任せることとし，ここでは結果のみ羅列する。

　3次元の応力ベクトルを定めるためには，当然ながら三つの成分が必要となる。図 **7.7** は，一例として，$x$ 面に生じている3次元の応力ベクトルを示したものである。応力ベクトルは垂直応力ベクトルとせん断応力ベクトルに分解できるが，3次元の場合，せん断応力ベクトルを定めるために二つの成分が必要となることに注意しよう。ここの例では，せん断応力ベクトルは，その成分が $(\tau_{xy}, \tau_{xz})$，大きさが $\sqrt{\tau_{xy}^2 + \tau_{xz}^2}$ として定められる。よって，$x$ 面に生じている応力の成分は，垂直応力 $\sigma_x$，$y$ 方向のせん断応力 $\tau_{xy}$，$z$ 方向のせん断応力 $\tau_{xz}$ の三つとなる。$y$ 面，$z$ 面についても同様であり，3次元の応力成分，ひずみ成分をまとめると

$$\begin{bmatrix} \sigma_x & \tau_{xy} & \tau_{xz} \\ \tau_{yx} & \sigma_y & \tau_{yz} \\ \tau_{zx} & \tau_{zy} & \sigma_z \end{bmatrix} \qquad \begin{bmatrix} \varepsilon_x & \gamma_{xy} & \gamma_{xz} \\ \gamma_{yx} & \varepsilon_y & \gamma_{yz} \\ \gamma_{zx} & \gamma_{zy} & \varepsilon_z \end{bmatrix}$$

のそれぞれ九つとなる。3次元における応力成分を図 **7.8** に示す。なお，$\tau_{ij} = \tau_{ji}$，$\gamma_{ij} = \gamma_{ji}$ が成り立つから，応力，ひずみとも，独立な成分はそれぞれ六つ

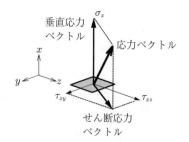

図 **7.7**　3次元の応力ベクトル

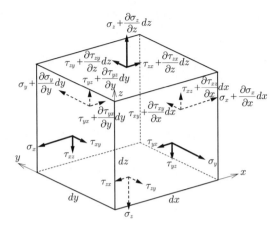

図 **7.8**　3 次元の応力成分

である。

　3 次元の平衡方程式は

$$\left.\begin{array}{l} \dfrac{\partial \sigma_x}{\partial x} + \dfrac{\partial \tau_{yx}}{\partial y} + \dfrac{\partial \tau_{zx}}{\partial z} = 0 \\[2mm] \dfrac{\partial \tau_{xy}}{\partial x} + \dfrac{\partial \sigma_y}{\partial y} + \dfrac{\partial \tau_{zy}}{\partial z} = 0 \\[2mm] \dfrac{\partial \tau_{xz}}{\partial x} + \dfrac{\partial \tau_{yz}}{\partial y} + \dfrac{\partial \sigma_z}{\partial z} = 0 \end{array}\right\} \tag{7.10}$$

適合条件式は

$$\left.\begin{array}{l} \dfrac{\partial^2 \varepsilon_x}{\partial y^2} + \dfrac{\partial^2 \varepsilon_y}{\partial x^2} = \dfrac{\partial^2 \gamma_{xy}}{\partial x \partial y} \\[2mm] \dfrac{\partial^2 \varepsilon_y}{\partial z^2} + \dfrac{\partial^2 \varepsilon_z}{\partial y^2} = \dfrac{\partial^2 \gamma_{yz}}{\partial y \partial z} \\[2mm] \dfrac{\partial^2 \varepsilon_z}{\partial x^2} + \dfrac{\partial^2 \varepsilon_x}{\partial z^2} = \dfrac{\partial^2 \gamma_{zx}}{\partial z \partial x} \end{array}\right\} \tag{7.11}$$

である。

　変位ベクトルで表現したひずみ成分は，$x$, $y$, $z$ 軸方向の変位をそれぞれ $u$, $v$, $w$ とすると

$$
\begin{bmatrix}
\varepsilon_x & \gamma_{xy} & \gamma_{xz} \\
\gamma_{yx} & \varepsilon_y & \gamma_{yz} \\
\gamma_{zx} & \gamma_{zy} & \varepsilon_z
\end{bmatrix}
=
\begin{bmatrix}
\dfrac{\partial u}{\partial x} & \dfrac{\partial u}{\partial y} + \dfrac{\partial v}{\partial x} & \dfrac{\partial u}{\partial z} + \dfrac{\partial w}{\partial x} \\
\dfrac{\partial v}{\partial x} + \dfrac{\partial u}{\partial y} & \dfrac{\partial v}{\partial y} & \dfrac{\partial v}{\partial z} + \dfrac{\partial w}{\partial y} \\
\dfrac{\partial w}{\partial x} + \dfrac{\partial u}{\partial z} & \dfrac{\partial w}{\partial y} + \dfrac{\partial v}{\partial z} & \dfrac{\partial w}{\partial z}
\end{bmatrix}
\tag{7.12}
$$

と表される。

3 方向に任意の大きさの応力が生じている場合の応力とひずみの関係は

$$
\left.
\begin{aligned}
\varepsilon_x &= \frac{1}{E}\{\sigma_x - \nu(\sigma_y + \sigma_z)\} & \gamma_{xy} &= \frac{\tau_{xy}}{G} \\
\varepsilon_y &= \frac{1}{E}\{\sigma_y - \nu(\sigma_z + \sigma_x)\} & \gamma_{yz} &= \frac{\tau_{yz}}{G} \\
\varepsilon_z &= \frac{1}{E}\{\sigma_z - \nu(\sigma_x + \sigma_y)\} & \gamma_{zx} &= \frac{\tau_{zx}}{G}
\end{aligned}
\right\}
\tag{7.13}
$$

あるいは，応力について解いて

$$
\left.
\begin{aligned}
\sigma_x &= \frac{(1-\nu)E}{(1+\nu)(1-2\nu)}\left\{\varepsilon_x + \frac{\nu}{1-\nu}(\varepsilon_y + \varepsilon_z)\right\} & \tau_{xy} &= G\gamma_{xy} \\
\sigma_y &= \frac{(1-\nu)E}{(1+\nu)(1-2\nu)}\left\{\varepsilon_y + \frac{\nu}{1-\nu}(\varepsilon_z + \varepsilon_x)\right\} & \tau_{yz} &= G\gamma_{yz} \\
\sigma_z &= \frac{(1-\nu)E}{(1+\nu)(1-2\nu)}\left\{\varepsilon_z + \frac{\nu}{1-\nu}(\varepsilon_x + \varepsilon_y)\right\} & \tau_{zx} &= G\gamma_{zx}
\end{aligned}
\right\}
\tag{7.14}
$$

である。これらが一般的な場合の応力–ひずみ関係を表す式である。

　最後に，自由表面が満足すべき条件を確認しておこう。「その面の法線方向の添え字を含む応力成分がすべて 0 になる」という規則は，3 次元の場合でも変わらない。例えば図 7.8 の $x-y$ 平面上にある面（法線が $z$ 軸方向の面）が自由表面であるとすると，$\sigma_z = \tau_{zx} = \tau_{zy} = \tau_{xz} = \tau_{yz} = 0$ でなければならない。他の応力成分，$\sigma_x$，$\sigma_y$，$\tau_{xy}(=\tau_{yx})$ は 0 でなくてもかまわない。

## 7.7　平面応力と平面ひずみ

　問題によっては応力やひずみを 2 次元問題に近似し，簡略化して取り扱うこ

とができる．応力を2次元化して取り扱うものを**平面応力**（plane stress）の近似，ひずみを2次元化するものを**平面ひずみ**（plane strain）の近似という．

　**図7.9**のような平板を考え，板の面内に $x$ 軸と $y$ 軸を，板厚方向に $z$ 軸をとるものとする．板厚方向の応力成分を無視して

$$\sigma_z = \tau_{xz} = \tau_{zx} = \tau_{yz} = \tau_{zy} = 0$$

とするものが平面応力の近似である．じつは7.2〜7.5節で述べたのは，この平面応力の話であった．平面応力場の応力–ひずみ関係はすでにみてきたように式 (7.8) あるいは式 (7.9) で表される．板厚が薄い平板に対しては平面応力の近似を用いることができる．また，一般の物体においても，自由表面ではそれに垂直な方向の応力が0であるので，表面付近の応力やひずみを論じる際には平面応力の近似を用いてよい．

**図7.9** 平　板

　一方，ある1方向（ここでは板厚方向としよう）に関するひずみ成分を無視し

$$\varepsilon_z = \gamma_{zx} = \gamma_{xz} = \gamma_{zy} = \gamma_{yz} = 0$$

とする近似が平面ひずみである．平面ひずみ場の応力–ひずみ関係は，式 (7.14) に上式を代入して

$$\left.\begin{aligned}
\sigma_x &= \frac{(1-\nu)E}{(1+\nu)(1-2\nu)}\left(\varepsilon_x + \frac{\nu}{1-\nu}\varepsilon_y\right) \\
\sigma_y &= \frac{(1-\nu)E}{(1+\nu)(1-2\nu)}\left(\varepsilon_y + \frac{\nu}{1-\nu}\varepsilon_x\right) \\
\sigma_z &= \frac{\nu E}{(1+\nu)(1-2\nu)}(\varepsilon_x + \varepsilon_y) \\
\tau_{xy} &= G\gamma_{xy}
\end{aligned}\right\} \tag{7.15}$$

あるいは，ひずみについて解くと

$$\left.\begin{aligned}
\varepsilon_x &= \frac{1-\nu^2}{E}\left(\sigma_x - \frac{\nu}{1-\nu}\sigma_y\right) \\
\varepsilon_y &= \frac{1-\nu^2}{E}\left(\sigma_y - \frac{\nu}{1-\nu}\sigma_x\right) \\
\gamma_{xy} &= \frac{\tau_{xy}}{G}
\end{aligned}\right\}
\tag{7.16}$$

である。ここで

$$E' = \frac{E}{1-\nu^2}, \quad \nu' = \frac{\nu}{1-\nu}$$

とおけば, 式 (7.16) は

$$\left.\begin{aligned}
\varepsilon_x &= \frac{1}{E'}(\sigma_x - \nu'\sigma_y) \\
\varepsilon_y &= \frac{1}{E'}(\sigma_y - \nu'\sigma_x) \\
\gamma_{xy} &= \frac{\tau_{xy}}{G}
\end{aligned}\right\}
\tag{7.17}$$

となり, 式 (7.8) に示す平面応力場の式と同じ形で表現することができる。よって, 応力も式 (7.9) と同じ形として

$$\left.\begin{aligned}
\sigma_x &= \frac{E'}{1-\nu'^2}(\varepsilon_x + \nu'\varepsilon_y) \\
\sigma_y &= \frac{E'}{1-\nu'^2}(\varepsilon_y + \nu'\varepsilon_x) \\
\sigma_z &= \frac{\nu' E'}{1-\nu'^2}(\varepsilon_x + \varepsilon_y) \\
\tau_{xy} &= G\gamma_{xy}
\end{aligned}\right\}
\tag{7.18}$$

と表すことができる。ただし, $\sigma_z$ については新たに付け加えた。式 (7.15), (7.16) あるいは式 (7.17), (7.18) が平面ひずみ場の応力–ひずみ関係である。ある 1 方向に強い拘束を受け, そちらの方向に変形できない (無視できるくらい小さな変形しか生じない) 場合には平面ひずみの近似を用いることができる。例えば, トンネルのような 1 方向に長い構造物に対して, 軸線と直交する方向に外力が作用する場合などである。厚い板が面内に外力を受ける場合で, 板厚中央部に着目する場合にも平面ひずみの近似が用いられることがある。

# 章 末 問 題

**【 1 】** つぎの応力分布に対してつり合い状態は存在するか。

$$\sigma_x = 3x^2 + 4xy - 8y^2, \quad \sigma_y = 2x^2 + xy + 3y^2$$
$$\tau_{xy} = -\frac{1}{2}x^2 - 6xy - 2y^2, \quad \sigma_z = \tau_{xz} = \tau_{yz} = 0$$

**【 2 】** 辺長 1 の正方形板が**図 7.10** に示すように一様変形を受けるとき，ひずみ成分 $\varepsilon_x$，$\varepsilon_y$，$\gamma_{xy}$ を計算せよ。

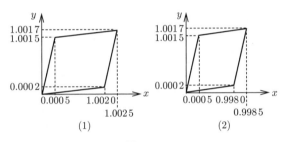

**図 7.10**

**【 3 】** **図 7.11** のように，側方からの拘束条件が異なる柱について，$x$ 方向の縮みを求めよ。ただし，剛体と柱の間に摩擦はないものとする。また，柱の材料定数は $E = 2.0 \times 10^5 \text{N/mm}^2$，$\nu = 0.3$ とする。

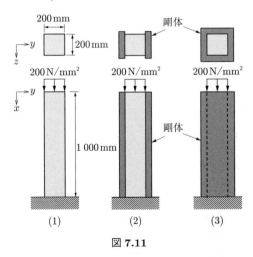

**図 7.11**

【4】 応力成分がつぎのように与えられているとき，ひずみ成分を求めよ。ただし
$E = 2.0 \times 10^5\,\mathrm{N/mm^2}$, $G = 7.7 \times 10^4\,\mathrm{N/mm^2}$, $\nu = 0.3$ とする。

$$
\begin{bmatrix}
\sigma_x & \tau_{xy} & \tau_{xz} \\
\tau_{yx} & \sigma_y & \tau_{yz} \\
\tau_{zx} & \tau_{zy} & \sigma_z
\end{bmatrix}
=
\begin{bmatrix}
10 & 5 & -3 \\
5 & -8 & 2 \\
-3 & 2 & 6
\end{bmatrix}
\quad [\mathrm{N/mm^2}]
$$

【5】 微小六面体が単軸引張りを受けている状態を考え，$\nu = 0.5$ の場合には変形前後で体積が変化しないことを示せ。

【6】 図 7.12 のように等分布荷重 $q$ が作用している長さ $L$ の片持ちばりを考える。はりの断面は高さ $h$，幅 $b$ の長方形である。このはりの応力状態を $x$–$y$ 面内の平面応力場として，$\sigma_x$, $\sigma_y$, $\tau_{xy}$ を求めよ。ただし，はりの上下面では $\tau_{xy} = 0$，はりの上面では $\sigma_y = -q/b$ としてよい。

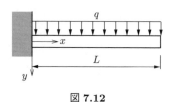

図 7.12

# 平面応力問題

## 8.1 応力成分の座標変換

平面応力状態にある平板から微小な長方形を切り出すものとする。自由物体の切出し方は自由であるので，同じ位置から，**図 8.1** に示すような二つの異なる直交座標系 $x$–$y$ と $x'$–$y'$ の向きに長方形を切り出したとする。また，それぞれの長方形の切断面上に生じる応力成分を図中のように定める。

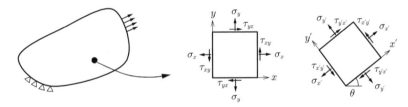

**図 8.1** 微小長方形の切出し

結論からいうと，$x$–$y$ 座標系で切り出した長方形の応力成分と，$x'$–$y'$ 座標系で切り出した長方形の応力成分は，同じ位置の応力であるにもかかわらず値が異なる。しかし，座標系によって成分が変化するのはベクトルの場合も同じであり，驚くにはあたらない。**図 8.2** に示すように，2 次元ベクトルの成分は，異なる二つの座標系では異なった値となり，これらの間にはよく知られているように

$$
\begin{bmatrix} x' \\ y' \end{bmatrix} = \begin{bmatrix} \cos\theta & \sin\theta \\ -\sin\theta & \cos\theta \end{bmatrix} \begin{bmatrix} x \\ y \end{bmatrix} \quad \text{または} \quad \begin{bmatrix} x \\ y \end{bmatrix} = \begin{bmatrix} \cos\theta & -\sin\theta \\ \sin\theta & \cos\theta \end{bmatrix} \begin{bmatrix} x' \\ y' \end{bmatrix}
$$

$$(8.1)$$

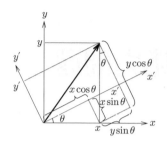

図 **8.2** ベクトルの座標変換

の座標変換則が成り立つ。座標系により成分の値は異なっても同じ「矢印」を
表しているのである。応力も同様であり，同じ「応力」であっても座標系によっ
てその成分が異なる。ただし，同じ点の応力なのであるから，成分どうしには
何らかの規則性があるはずである。応力に関してどのような座標変換則が成り
立つかをみていこう。

さて，二つの直交座標系 $x$–$y$ と $x'$–$y'$ に沿って切り出された長方形の応力成
分の関係を考察しよう。両座標系の角度を $\theta$ とする。微小長方形内では応力は
均一であるとすると，その中からさらに切り出した微小三角形内でも応力は均
一であり，かつ，それは微小長方形のものと等しい。いま，**図 8.3**(a) に示すよ
うに微小三角形を切り出すものとする。微小三角形の切断面上に生じる応力は，
微小長方形のそれと同じであるから，図中のように表すことができる。この微
小三角形の力のつり合いを考えてみる。

板厚を $t$ とする。各面に生じている軸力とせん断力は，それぞれの応力に断

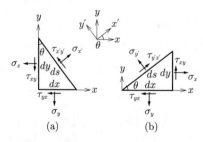

図 **8.3** 微小三角形の力のつり合い

面積を乗じることで求められるので，水平方向および鉛直方向の力のつり合いより

$$-\tau_{yx}tdx - \sigma_x tdy + \sigma_{x'}tds\cos\theta - \tau_{x'y'}tds\sin\theta = 0$$

$$-\sigma_y tdx - \tau_{xy}tdy + \sigma_{x'}tds\sin\theta + \tau_{x'y'}tds\cos\theta = 0$$

となる。これらに $dx = ds\sin\theta,\ dy = ds\cos\theta$ を代入して整理すると

$$-\tau_{yx}\sin\theta - \sigma_x\cos\theta + \sigma_{x'}\cos\theta - \tau_{x'y'}\sin\theta = 0$$

$$-\sigma_y\sin\theta - \tau_{xy}\cos\theta + \sigma_{x'}\sin\theta + \tau_{x'y'}\cos\theta = 0$$

であり，$\sigma_{x'}$，$\tau_{x'y'}$ について解くと

$$\sigma_{x'} = \sigma_x\cos^2\theta + 2\tau_{xy}\sin\theta\cos\theta + \sigma_y\sin^2\theta \tag{8.2}$$

$$\tau_{x'y'} = -\sigma_x\sin\theta\cos\theta + \tau_{xy}(\cos^2\theta - \sin^2\theta) + \sigma_y\sin\theta\cos\theta \tag{8.3}$$

が得られる。図 8.3(b) に示すように微小三角形を切り出して，同じように考えると

$$\sigma_{y'} = \sigma_x\sin^2\theta - 2\tau_{xy}\sin\theta\cos\theta + \sigma_y\cos^2\theta \tag{8.4}$$

が得られる。

以上をまとめると

$$\begin{bmatrix} \sigma_{x'} \\ \sigma_{y'} \\ \tau_{x'y'} \end{bmatrix} = \begin{bmatrix} \cos^2\theta & \sin^2\theta & 2\sin\theta\cos\theta \\ \sin^2\theta & \cos^2\theta & -2\sin\theta\cos\theta \\ -\sin\theta\cos\theta & \sin\theta\cos\theta & \cos^2\theta - \sin^2\theta \end{bmatrix} \begin{bmatrix} \sigma_x \\ \sigma_y \\ \tau_{xy} \end{bmatrix} \tag{8.5}$$

となる。あるいは，少し変形すると

$$\sigma_{x'} = \frac{1}{2}(\sigma_x + \sigma_y) + \frac{1}{2}(\sigma_x - \sigma_y)\cos 2\theta + \tau_{xy}\sin 2\theta \tag{8.6a}$$

$$\sigma_{y'} = \frac{1}{2}(\sigma_x + \sigma_y) - \frac{1}{2}(\sigma_x - \sigma_y)\cos 2\theta - \tau_{xy}\sin 2\theta \tag{8.6b}$$

$$\tau_{x'y'} = -\frac{1}{2}(\sigma_x - \sigma_y)\sin 2\theta + \tau_{xy}\cos 2\theta \tag{8.6c}$$

とも表される。これらが応力成分の座標変換則である。

**例題 8.1**　平面応力状態にある物体内のある点の応力が以下のように得られている。

$$
\begin{bmatrix} \sigma_x & \tau_{xy} \\ \tau_{yx} & \sigma_y \end{bmatrix} = \begin{bmatrix} 3 & 1 \\ 1 & 2 \end{bmatrix}
$$

**図 8.4** に示すように，$x$–$y$ 座標系を反時計回りに $\theta = \tan^{-1}(1/3)$ だけ回転した $x'$–$y'$ 座標系における応力成分を求めよ。

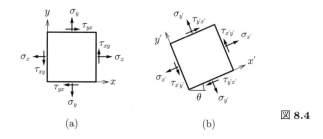

(a)                         (b)                         図 **8.4**

【解答】

$$
\cos^2 \theta = \frac{1}{1 + \tan^2 \theta} = \frac{9}{10}, \quad \sin^2 \theta = 1 - \cos^2 \theta = \frac{1}{10},
$$

$$
\sin \theta \cos \theta = \sqrt{\frac{1}{10}} \sqrt{\frac{9}{10}} = \frac{3}{10}
$$

式 (8.5) より

$$
\begin{bmatrix} \sigma_{x'} \\ \sigma_{y'} \\ \tau_{x'y'} \end{bmatrix} = \begin{bmatrix} \cos^2 \theta & \sin^2 \theta & 2 \sin \theta \cos \theta \\ \sin^2 \theta & \cos^2 \theta & -2 \sin \theta \cos \theta \\ -\sin \theta \cos \theta & \sin \theta \cos \theta & \cos^2 \theta - \sin^2 \theta \end{bmatrix} \begin{bmatrix} \sigma_x \\ \sigma_y \\ \tau_{xy} \end{bmatrix}
$$

$$
= \frac{1}{10} \begin{bmatrix} 9 & 1 & 6 \\ 1 & 9 & -6 \\ -3 & 3 & 8 \end{bmatrix} \begin{bmatrix} 3 \\ 2 \\ 1 \end{bmatrix} = \begin{bmatrix} 3.5 \\ 1.5 \\ 0.5 \end{bmatrix}
$$

## 8.2 主 応 力

前節で述べたように，応力成分は座標系によって値が異なり，$\theta$ を変えれば大きくなったり小さくなったりする。では，どのような $\theta$ のときに極大値や極小値をとるであろうか。これを考察するために，式 (8.6) において $\theta$ に関する微分をとってみよう。まずは垂直応力に着目すると

$$\frac{d\sigma_{x'}}{d\theta} = -\frac{d\sigma_{y'}}{d\theta} = -(\sigma_x - \sigma_y)\sin 2\theta + 2\tau_{xy}\cos 2\theta$$

である。これが 0 となるとき，すなわち

$$\tan 2\theta_\sigma = \frac{2\tau_{xy}}{\sigma_x - \sigma_y} \tag{8.7}$$

あるいは

$$\left.\begin{array}{l}\cos 2\theta_\sigma = \pm\dfrac{\sigma_x - \sigma_y}{\sqrt{(\sigma_x - \sigma_y)^2 + 4\tau_{xy}^2}} \\[3mm] \sin 2\theta_\sigma = \pm\dfrac{2\tau_{xy}}{\sqrt{(\sigma_x - \sigma_y)^2 + 4\tau_{xy}^2}}\end{array}\right\} \tag{8.8}$$

を満足する $\theta_\sigma$ のときに $\sigma_{x'}$, $\sigma_{y'}$ は同時に極値をとる。式 (8.6 a), (8.6 b) にこれらを入れて整理すると，垂直応力の極大値，極小値が

$$\sigma(\theta_\sigma) = \frac{1}{2}(\sigma_x + \sigma_y) \pm \frac{1}{2}\sqrt{(\sigma_x - \sigma_y)^2 + 4\tau_{xy}^2} \tag{8.9}$$

と得られる。この極値を**主応力**（principal stress）と呼び，極大値を最大主応力，極小値を最小主応力と呼ぶ。主応力をとる座標系を**主軸**（principal axis），主応力の方向を**主応力方向**（principal direction），主応力が生じる面を**主応力面**（principal plane）という。

このときのせん断応力を計算してみると，式 (8.6 c), (8.8) より

$$\tau(\theta_\sigma) = 0$$

となる。

以上をまとめるとつぎのようになる。**図 8.5**(a) に示すように，ある座標系において，ある点の応力成分が

$$\begin{bmatrix} \sigma_x & \tau_{xy} \\ \tau_{yx} & \sigma_y \end{bmatrix}$$

と求められているものとする。この応力成分の値は，座標系によって異なったものとなるが，現座標を

$$\theta_\sigma = \frac{1}{2}\tan^{-1}\frac{2\tau_{xy}}{\sigma_x - \sigma_y}$$

だけ回転させた座標系において垂直応力は極大値および極小値をとり，同時に，せん断応力は 0 となる。この際の座標系の方向を主応力方向と呼ぶ。また，垂直応力の極大値を最大主応力，極小値を最小主応力と呼び，これらを $\sigma_1$，$\sigma_2$ とすると

$$\sigma_1, \sigma_2 = \frac{1}{2}(\sigma_x + \sigma_y) \pm \frac{1}{2}\sqrt{(\sigma_x - \sigma_y)^2 + 4\tau_{xy}^2} \tag{8.10}$$

である。このイメージを示したものが図 8.5(b) である。

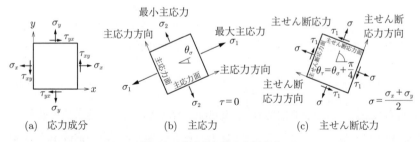

(a)  応力成分          (b)  主応力          (c)  主せん断応力

**図 8.5**  主応力と主せん断応力

なお，主応力は大きさと方向がともに重要であり，図 8.5(b) のように示すのが望ましい。四角形の部分を省略して**図 8.6** のように矢印のみで描くこともある。これを**主応力図**（principal stress diagram）と呼ぶ。

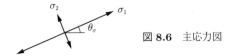

図 **8.6**　主応力図

## 8.3　主せん断応力

つぎに，せん断応力が極値をとる条件をみてみよう。式 (8.6 c) より

$$\frac{d\tau_{x'y'}}{d\theta} = -(\sigma_x - \sigma_y)\cos 2\theta - 2\tau_{xy}\sin 2\theta$$

である。よって

$$\tan 2\theta_\tau = -\frac{\sigma_x - \sigma_y}{2\tau_{xy}} \tag{8.11}$$

あるいは

$$\left.\begin{array}{l} \cos 2\theta_\tau = \pm\dfrac{2\tau_{xy}}{\sqrt{(\sigma_x - \sigma_y)^2 + 4\tau_{xy}^2}} \\[3mm] \sin 2\theta_\tau = \mp\dfrac{\sigma_x - \sigma_y}{\sqrt{(\sigma_x - \sigma_y)^2 + 4\tau_{xy}^2}} \end{array}\right\} \tag{8.12}$$

を満たす $\theta_\tau$ のときせん断応力は極値をとる。この極値を**主せん断応力** (principal shear stress) という。式 (8.12) を式 (8.6 c) に代入して整理すると，主せん断応力 $\tau_1$ はつぎのようになる。

$$\tau_1 = \pm\frac{1}{2}\sqrt{(\sigma_x - \sigma_y)^2 + 4\tau_{xy}^2} \tag{8.13}$$

主せん断応力をとる座標系の方向を主せん断応力方向，主せん断応力が生じる面を主せん断応力面という。主せん断応力面に生じる垂直応力は，式 (8.6 a)，(8.6 b)，(8.12) より

$$\sigma(\theta_\tau) = \frac{\sigma_x + \sigma_y}{2}$$

となる。

　主応力方向と主せん断応力方向の関係についてみると，式 (8.7) に示す $\tan 2\theta_\sigma$ と式 (8.11) の $\tan 2\theta_\tau$ との積が $-1$ となるから，$2\theta_\sigma$ と $2\theta_\tau$ の方向は直交しており，両者の差は $\pm\pi/2$, つまり主応力方向 $\theta_\sigma$ と主せん断応力方向 $\theta_\tau$ は $\pm\pi/4$ だけ異なっていることがわかる。このイメージを図 8.5(c) に示す。

　上記において，正負の主せん断応力を示したが，前述のように $\tau_{xy} = \tau_{yx}$ であり，一つの座標系においてせん断応力の値は一つしか存在しない。そのため，正負の主せん断応力を，最大/最小主せん断応力などと表現することはしない。主せん断応力の正負は，座標系のとり方によって決まる。

## 8.4　モ ー ル 円

　式 (8.6 a), (8.6 c) より

$$\sigma_{x'} - \frac{\sigma_x + \sigma_y}{2} = \frac{\sigma_x - \sigma_y}{2} \cos 2\theta + \tau_{xy} \sin 2\theta$$

$$\tau_{x'y'} = -\frac{\sigma_x - \sigma_y}{2} \sin 2\theta + \tau_{xy} \cos 2\theta$$

であり，これらの式の両辺を 2 乗して足すと

$$\left(\sigma_{x'} - \frac{\sigma_x + \sigma_y}{2}\right)^2 + \tau_{x'y'}^2 = \left(\frac{\sigma_x - \sigma_y}{2}\right)^2 + \tau_{xy}^2$$

となる。右辺は式 (8.13) に示す主せん断応力 $\tau_1$ の 2 乗に等しい。よって，この式は，$\sigma_{x'}$ と $\tau_{x'y'}$ を変数とみると，中心が $\left(\dfrac{\sigma_x + \sigma_y}{2}, 0\right)$, 半径が $\tau_1$ の円の方程式である。これをモール円 (Mohr's circle) という。モール円を用いると，幾何学的な考察により主応力や主せん断応力をきわめて簡単に求めることができる。

　ある点の応力成分が求められているものとして，モール円の使い方を解説しよう。その前に，モール円を使うに当たっての特別ルールを設ける。先に，応力の正負は図 7.3 に示す向きを正であるとしたが，モール円を使うときに限り，図形の中心から見て時計回りに回そうとするせん断応力を正とする。つまり，図 8.7 に示すせん断応力を正とする。

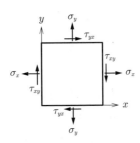

図 **8.7** モール円用の正の応力

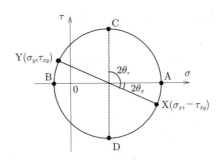

図 **8.8** モール円

さて，図 **8.8** に示すように，横軸に垂直応力 $\sigma$ を，縦軸にせん断応力 $\tau$ を
とった座標系を用意する。まず，図 8.7 の $x$ 面（$x$ 軸に垂直な面）の応力に基
づき，$(\sigma_x, -\tau_{xy})$ の位置に点をプロットする。これを点 X とする。せん断応力
に負号がつくのは特別ルールのためである。つぎに，$y$ 面（$y$ 軸に垂直な面）の
応力に基づき，$(\sigma_y, \tau_{xy})$ の位置に点をプロットする。これを点 Y とする。ここ
で，点 X と点 Y を結ぶ線分を直径とする円を描く。これがモール円である。円
の中心の横座標は

$$\frac{1}{2}(\sigma_x + \sigma_y) \tag{8.14}$$

円の半径は

$$\sqrt{\left(\frac{\sigma_x - \sigma_y}{2}\right)^2 + \tau_{xy}^2} = \frac{1}{2}\sqrt{(\sigma_x - \sigma_y)^2 + 4\tau_{xy}^2} \tag{8.15}$$

となっている。

ここでモール円をつぎのように解釈する。円と横軸の交点 A と B の横座標は，
最大主応力と最小主応力の値を示している。点 A と点 B の横座標は式 (8.14)，
(8.15) より

$$\frac{1}{2}(\sigma_x + \sigma_y) \pm \frac{1}{2}\sqrt{(\sigma_x - \sigma_y)^2 + 4\tau_{xy}^2}$$

であるから，式 (8.10) と見比べてみると，確かにこれらは最大・最小主応力の
大きさに等しいことがわかる。主せん断応力は，円の最上点 C および最下点 D

の縦座標で表される。これは円の半径そのものであり、式 (8.15) と式 (8.13) とを見比べると確かに一致している。

モール円においては、実際の角度が 2 倍になって現れる。そこで、主応力方向についてはつぎのように考える。

図 8.8 に示すように、点 X と点 A がなす角度を $2\theta_\sigma$ とする。点 A（最大主応力を示す点）は、円の中心から見て、点 X（$x$ 面に関する点）を反時計回りに $2\theta_\sigma$ だけ回転した位置にある。これは、最大主応力が生じる主応力面が、$x$ 面を反時計回りに $\theta_\sigma$ だけ回転させた面であること、つまり、最大主応力方向が、$x$ 軸を反時計回りに $\theta_\sigma$ だけ回転させた方向となることを意味している。最小主応力を示す点 B は、円の中心からみて、点 X を反時計回りに $2\theta_\sigma + \pi$ だけ回転した位置にあるので、最小主応力の方向は $x$ 軸を反時計回りに $\theta_\sigma + \pi/2$ だけ回転した方向となる。

点 Y を基準に考えてもよい。点 B（最小主応力を示す点）は、点 Y（$y$ 面に関する点）を反時計回りに $2\theta_\sigma$ だけ回転した位置にあるので、最小主応力が生じる主応力面は、$y$ 面を反時計回りに $\theta_\sigma$ だけ回転させた面となる。つまり、最小主応力の方向は $y$ 軸を反時計回りに $\theta_\sigma$ だけ回転させた方向である。最大主応力を示す点 A は、点 Y を時計回りに $\pi - 2\theta_\sigma$ だけ回転した位置にあるので、最大主応力の方向は $y$ 軸を時計回りに $\pi/2 - \theta_\sigma$ だけ回転した方向となる。結果は同じである。

主せん断応力をとる点 C の方向は、点 A を反時計回りに $\theta_\tau = 2\theta_\sigma + \pi/2$ だけ回転した方向となるので、主せん断応力面は、$x$ 面を反時計回りに $\theta_\tau = \theta_\sigma + \pi/4$ だけ回転させた面ということになる。

---

**例題 8.2** $x$–$y$ 座標系にて応力成分が $(\sigma_x, \sigma_y, \tau_{xy}) = (3, -1, 2)$〔N/mm$^2$〕と求められている。主応力と主応力方向を求め、主応力図で表せ。

---

**【解答】** モール円を図 **8.9**(a) に示す。$\sigma_1 = 1 + 2\sqrt{2} = 3.83\,\mathrm{N/mm^2}$, $\sigma_2 = 1 - 2\sqrt{2} = -1.83\,\mathrm{N/mm^2}$, $\theta_\sigma = \pi/8$。よって、主応力図は図 8.9(b) のようになる。

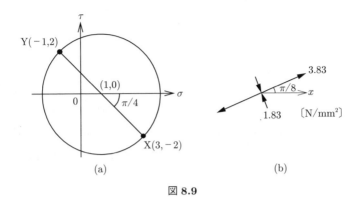

図 8.9

◇

　モール円は，任意の方向を向く面に生じている応力成分を求めるために使用することもできる。例えば，上の例題において，図 8.10 に示すように，$x$ 面を反時計回りに $\pi/4$ だけ回転させた面に生じている応力を求めたいとする。角度 $\pi/4$ はモール円上では $\pi/2$ で表されるので，図 8.11 に示すように，点 X を $\pi/2$ だけ反時計回りに回転させた点 A をとれば，その横座標が垂直応力，縦座標がせん断応力となる。所定の面に生じている応力は $\sigma = 3\,\mathrm{N/mm^2}$，$\tau = -2\,\mathrm{N/mm^2}$ と求めることができる。ただし，せん断応力には一般の場合の正負に合わせて負号をつけた。

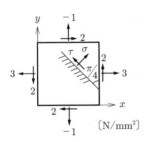

図 8.10　任意の面に生じる応力

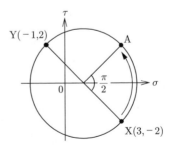

図 8.11　任意の面に生じる応力の
　　　　　モール円による解法

## 8.5　特別な応力状態のときのモール円

図 **8.12**(a) は単軸の引張応力のみが生じている場合のモール円であり，最大主応力が σ，最小主応力は 0 である。図 8.12(b) は単軸の圧縮応力のみが生じているときのモール円であり，最大主応力が 0，最小主応力が −σ である。いずれの場合も，主せん断応力は垂直応力が生じている方向から π/4 だけ傾いた方向に生じる。

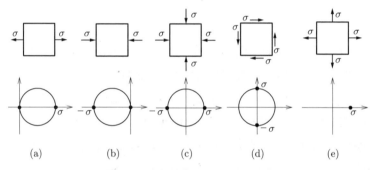

図 **8.12**　特別な応力状態のモール円

図 8.12(c) は 1 方向に σ が，それと直交方向に −σ が生じており，せん断応力が生じていないときのモール円であり，σ と −σ が最大・最小主応力になるので，原点を中心とする円となる。

図 8.12(d) はせん断応力のみが生じている状態であり，これを**純せん断** (pure shear) という。この場合もモール円は原点を中心とする円となる。

図 8.12(c)，(d) のモール円が同じになるということは，二つは同じ応力状態であるということである。実際に，**図 8.13** に示すように二つの応力状態は同じであり，応力を観察する座標系が異なっているにすぎない。図 (a) の座標系でみれば図 8.12(c) に，図 (b) の座標系でみれば図 8.12(d) のようになるのである。

2 方向に同じ大きさの垂直応力のみが生じている場合には，図 8.12(e) に示すようにモール円は点になる。これを**等方応力状態** (equilateral state of stress)

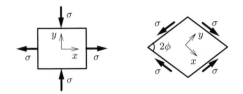

(a) 垂直応力による表現　(b) せん断応力による表現

図 **8.13** 等価な応力状態

という。この場合，どのような座標系でみてもせん断応力は生じず，垂直応力
は $\sigma$ となる。

---

**例題 8.3**　半径 $r$，板厚 $t$ の球殻が内圧 $p$ を受けるとき，球殻に生じる応
力を求めよ。ただし，板厚は十分に薄く，平面応力状態にあるものとして
よい。

---

【**解答**】　球殻を 2 等分して図 **8.14** のように座標を定めたとき，内圧によって半
球に作用する $z$ 方向の力と，切断面に生じている $z$ 方向の力がつり合っていると
考えればよい。

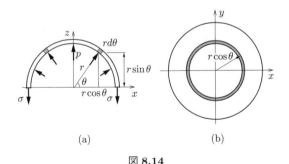

(a)　　　　　　　　　(b)

図 **8.14**

$z = r\sin\theta$ の位置にある微小幅の円環を考える。円環の長さは $2\pi r\cos\theta$ であ
り，幅を $rd\theta$ とすると，円環の面積は $2\pi r^2\cos\theta d\theta$ で表される。この円環に作用
している圧力の $z$ 方向成分は $p\sin\theta$ である。よって，円環に作用している $z$ 方向
の力は $2\pi r^2 p\sin\theta\cos\theta d\theta$ で与えられ，半球全体では

$$\int_0^{\pi/2} 2\pi r^2 p \sin\theta \cos\theta d\theta = 2\pi r^2 p \left[\frac{\sin^2\theta}{2}\right]_0^{\pi/2} = \pi r^2 p$$

となる。一方，半球の切断面に生じている $z$ 方向の応力を $\sigma$ とすると，切断面の長さが $2\pi r$，板厚が $t$ なので，力は $2\pi r t\sigma$ となる。これらがつり合うので

$$\pi r^2 p = 2\pi r t\sigma \qquad \Rightarrow \qquad \sigma = \frac{rp}{2t}$$

が得られる。上記の考察は球殻をどのような向きで 2 等分しても成り立つから，内圧を受ける球殻は等方応力状態となっている。                    ◇

## 8.6    弾性係数間の関係

前節で述べたように図 8.13 に示す二つの応力状態は等価である。図 (a) についてみると，式 (7.8) より，水平方向の垂直ひずみは

$$\varepsilon = \frac{1}{E}\{\sigma - \nu(-\sigma)\} = \frac{\sigma}{E}(1 + \nu) \tag{8.16}$$

である。一方，図 (b) をみてみる。変形後において，正方形の左右の隅の角度が $2\phi$ になったとしよう。各辺の長さを 1 とすると，水平の対角線の変形前の長さは $\sqrt{2}$，変形後の長さは $2\cos\phi$ なので，水平方向の垂直ひずみは

$$\varepsilon = \frac{2\cos\phi - \sqrt{2}}{\sqrt{2}} = \sqrt{2}\cos\phi - 1 \tag{8.17}$$

となる。ところで，図 2.5 に示すせん断ひずみ $\gamma$ の定義によれば，$\gamma$ と $\phi$ には

$$\gamma = \frac{\pi}{2} - 2\phi \qquad \Rightarrow \qquad \phi = \frac{\pi}{4} - \frac{\gamma}{2}$$

の関係があり，$\gamma$ が微小であるとすれば

$$\cos\phi = \cos\left(\frac{\pi}{4} - \frac{\gamma}{2}\right) = \cos\frac{\pi}{4}\cos\frac{\gamma}{2} + \sin\frac{\pi}{4}\sin\frac{\gamma}{2} \simeq \frac{\sqrt{2}}{2}\left(\frac{\gamma}{2} + 1\right)$$

となる。これを式 (8.17) に代入すると

$$\varepsilon = \frac{\gamma}{2}$$

となる。さらに $\gamma = \sigma/G$ と置き換え，式 (8.16) と等置すると

$$\varepsilon = \frac{\sigma}{E}(1 + \nu) = \frac{\sigma}{2G}$$

これより次式が得られる。

$$G = \frac{E}{2(1 + \nu)} \tag{8.18}$$

これが弾性係数（縦弾性係数），せん断弾性係数（横弾性係数），ポアソン比の関係式である。この関係は平面応力以外の一般の場合にも成立する。式 (7.13) などに示した一般的な応力–ひずみ関係には $E$, $G$, $\nu$ の三つの材料定数が関連するが，上記により，独立なものは二つである。

## 8.7　主 ひ ず み

ひずみの座標変換則について考えてみる。$x$–$y$ 座標系から $\theta$ だけ傾いた $x'$–$y'$ 座標系において，垂直ひずみ $\varepsilon_{x'}$ は式 (7.8) より

$$\varepsilon_{x'} = \frac{1}{E}\left(\sigma_{x'} - \nu\sigma_{y'}\right)$$

と表される。これに，式 (8.5) に示される応力の座標変換式

$$\sigma_{x'} = \sigma_x \cos^2\theta + \sigma_y \sin^2\theta + 2\tau_{xy}\sin\theta\cos\theta$$
$$\sigma_{y'} = \sigma_x \sin^2\theta + \sigma_y \cos^2\theta - 2\tau_{xy}\sin\theta\cos\theta$$

を代入すると

$$\varepsilon_{x'} = \frac{1}{E}\left\{(\sigma_x - \nu\sigma_y)\cos^2\theta + (\sigma_y - \nu\sigma_x)\sin^2\theta \right.$$
$$\left. +2(1 + \nu)\tau_{xy}\sin\theta\cos\theta\right\}$$

となる。ところで，式 (7.8) より

$$\sigma_x - \nu\sigma_y = E\varepsilon_x, \quad \sigma_y - \nu\sigma_x = E\varepsilon_y$$

であり，また

$$\tau_{xy} = G\gamma_{xy} = \frac{E}{2(1+\nu)}\gamma_{xy}$$

であるので，これらを代入して整理すると

$$\varepsilon_{x'} = \varepsilon_x \cos^2\theta + \varepsilon_y \sin^2\theta + \gamma_{xy}\sin\theta\cos\theta \tag{8.19}$$

となる。$\varepsilon_{y'}$ についても同じように考えると

$$\varepsilon_{y'} = \varepsilon_x \sin^2\theta + \varepsilon_y \cos^2\theta - \gamma_{xy}\sin\theta\cos\theta \tag{8.20}$$

が得られる。

　せん断ひずみについては

$$\gamma_{x'y'} = \frac{1}{G}\tau_{x'y'}$$

であり，これに式 (8.5) で与えられる次式

$$\tau_{x'y'} = -(\sigma_x - \sigma_y)\sin\theta\cos\theta + \tau_{xy}(\cos^2\theta - \sin^2\theta)$$

を代入すると

$$\gamma_{x'y'} = -\frac{1}{G}(\sigma_x - \sigma_y)\sin\theta\cos\theta + \gamma_{xy}(\cos^2\theta - \sin^2\theta)$$

が得られる。式 (7.9) より

$$\sigma_x - \sigma_y = \frac{E}{1-\nu^2}(1-\nu)(\varepsilon_x - \varepsilon_y) = \frac{E}{1+\nu}(\varepsilon_x - \varepsilon_y) = 2G(\varepsilon_x - \varepsilon_y)$$

であり，これを代入して整理すると

$$\gamma_{x'y'} = -2(\varepsilon_x - \varepsilon_y)\sin\theta\cos\theta + \gamma_{xy}(\cos^2\theta - \sin^2\theta) \tag{8.21}$$

が得られる。

　式 (8.19)～(8.21) をまとめると

$$\begin{bmatrix} \varepsilon_{x'} \\ \varepsilon_{y'} \\ \gamma_{x'y'} \end{bmatrix} = \begin{bmatrix} \cos^2\theta & \sin^2\theta & \sin\theta\cos\theta \\ \sin^2\theta & \cos^2\theta & -\sin\theta\cos\theta \\ -2\sin\theta\cos\theta & 2\sin\theta\cos\theta & \cos^2\theta - \sin^2\theta \end{bmatrix} \begin{bmatrix} \varepsilon_x \\ \varepsilon_y \\ \gamma_{xy} \end{bmatrix}$$

となる。これがひずみの座標変換則である。ここで

$$\varepsilon_{xy} = \frac{\gamma_{xy}}{2}, \quad \varepsilon_{x'y'} = \frac{\gamma_{x'y'}}{2}$$

とおくと，上式は

$$\begin{bmatrix} \varepsilon_{x'} \\ \varepsilon_{y'} \\ \varepsilon_{x'y'} \end{bmatrix} = \begin{bmatrix} \cos^2\theta & \sin^2\theta & 2\sin\theta\cos\theta \\ \sin^2\theta & \cos^2\theta & -2\sin\theta\cos\theta \\ -\sin\theta\cos\theta & \sin\theta\cos\theta & \cos^2\theta - \sin^2\theta \end{bmatrix} \begin{bmatrix} \varepsilon_x \\ \varepsilon_y \\ \varepsilon_{xy} \end{bmatrix} \quad (8.22)$$

となる。式 (8.5) と見比べてみると，これは応力の座標変換則と同一である。
よって

$$\begin{bmatrix} \varepsilon_x & \varepsilon_{xy} \\ \varepsilon_{yx} & \varepsilon_y \end{bmatrix} = \begin{bmatrix} \varepsilon_x & \dfrac{\gamma_{xy}}{2} \\ \dfrac{\gamma_{yx}}{2} & \varepsilon_y \end{bmatrix} \quad (8.23)$$

で表されるひずみ成分を用いると，これまでに紹介した主応力などに関する議論
は，それをひずみに置き換えても同じように成立する。例えば，垂直ひずみの極
値として**主ひずみ** (principal strain) が存在し，その方向を主ひずみ方向という。
また，主ひずみ方向となる座標系においては，せん断ひずみは 0 となる。もちろ
ん，モール円も同様にして使うことができる。ただし，縦軸には $\varepsilon_{xy}(=\gamma_{xy}/2)$
をとらなければならない。9.5 節で改めて紹介するが，式 (8.23) で表されるひ
ずみは，ひずみテンソルと呼ばれる。

一方，これまでのようにせん断ひずみとして $\gamma$ を用い

$$\begin{bmatrix} \varepsilon_x & \gamma_{xy} \\ \gamma_{yx} & \varepsilon_y \end{bmatrix}$$

で表すひずみを**工学ひずみ** (engineering strain) と呼ぶ。ひずみテンソル，工
学ひずみともよく使われるので，自分で取り扱っているひずみがいずれである
かはつねに意識しておく必要がある。

## 8.8 主ひずみと主応力の計測

方向によって材料特性が変化しない物質を**等方性材料** (isotropic material)

という†。等方性材料においては，主応力方向と主ひずみ方向は一致する。よっ
て，平面応力を仮定し，主応力を $\sigma_1$, $\sigma_2$, 主ひずみを $\varepsilon_1$, $\varepsilon_2$ とすると式 (7.9) より

$$\left.\begin{array}{l} \sigma_1 = \dfrac{E}{1-\nu^2}(\varepsilon_1 + \nu\varepsilon_2) \\[2mm] \sigma_2 = \dfrac{E}{1-\nu^2}(\varepsilon_2 + \nu\varepsilon_1) \end{array}\right\} \tag{8.24}$$

の関係があり，主ひずみから主応力を求めることができる。

　ひずみを計測することができるセンサーに**ひずみゲージ**（strain gauge）が
ある。ひずみゲージを対象物の表面に貼り付けて荷重をかけると，その位置で
の，ある一方向の垂直ひずみを計測することができる。異なる方向の 3 枚のひ
ずみゲージを一体とした製品があり，これを **3 軸ひずみゲージ**（triaxial strain
gauge）という。図 **8.15** に 3 軸ひずみゲージの配置の例を示す。3 枚のひずみ
ゲージにより，それぞれの長手方向の垂直ひずみを計測することができ，それ
らから主ひずみの大きさと方向を知ることができる。

　例として，図 8.15(a) に示す 3 軸ひずみゲージを取り上げる。それぞれのゲー
ジの指示値が $\varepsilon_A$, $\varepsilon_B$, $\varepsilon_C$ と得られたとする。この 3 軸ひずみゲージの場合，

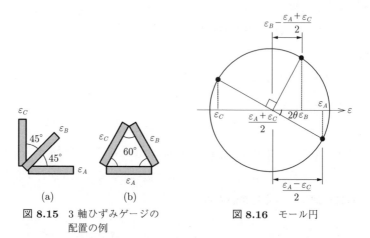

図 **8.15** 3 軸ひずみゲージの
配置の例

図 **8.16** モール円

---

†　方向によって材料特性が変化する物質は**異方性材料**（anisotropic material）という。
　異方性材料の中で，直交する三つの方向に関する特性で材料全体の特性が記述できる
　ものを**直交異方性材料**（orthotropic material）といい，木材や繊維強化プラスチック
　（FRP）などがこれに該当する。

ひずみの方向は $\pi/4$ ずつ傾いているので, モール円上では $\pi/2$ だけ異なることになる。

ここでは三つの計測値が $\varepsilon_A > \varepsilon_B > \varepsilon_C$ であり, 図 **8.16** に示すモール円が得られたものとしよう。円の半径は

$$
\begin{aligned}
r &= \sqrt{\left(\frac{\varepsilon_A - \varepsilon_C}{2}\right)^2 + \left(\varepsilon_B - \frac{\varepsilon_A + \varepsilon_C}{2}\right)^2} \\
&= \sqrt{\frac{(\varepsilon_A - \varepsilon_B)^2 + (\varepsilon_C - \varepsilon_B)^2}{2}}
\end{aligned}
$$

となるので, 最大, 最小主ひずみは

$$
\varepsilon_1, \varepsilon_2 = \frac{\varepsilon_A + \varepsilon_C}{2} \pm \sqrt{\frac{(\varepsilon_A - \varepsilon_B)^2 + (\varepsilon_C - \varepsilon_B)^2}{2}}
$$

と求められる。最大主ひずみ方向は, $\varepsilon_A$ を計測した方向を反時計回りに

$$
\tan 2\theta = \frac{\varepsilon_B - \dfrac{\varepsilon_A + \varepsilon_C}{2}}{\dfrac{\varepsilon_A - \varepsilon_C}{2}} = \frac{2\varepsilon_B - (\varepsilon_A + \varepsilon_C)}{\varepsilon_A - \varepsilon_C}
$$

となる $\theta$ だけ回転させた方向である。

なお, 上記の式はあくまでも一例である。図 8.15(b) に示す 3 軸ひずみゲージを使用した場合や, 計測値の大小関係が異なる場合には, これらとは異なった式となる。しかし, いずれの場合にも三つの計測値を基にモール円を描くことにより, 主ひずみの大きさと主ひずみ方向を求めることができる。また, ひずみゲージは物体表面のひずみを測るセンサーであり, 物体表面では平面応力状態を仮定してよいので, 式 (8.24) を用いて主応力を求めることができる。

---

**例題 8.4** 図 8.15(a) に示す 3 軸ひずみゲージの値が $\varepsilon_A = 400\,\mu$, $\varepsilon_B = 600\,\mu$, $\varepsilon_C = 200\,\mu$ であるとして, 主ひずみ, 主応力, 主応力方向を求めよ。ただし, $E = 2.0 \times 10^5\,\mathrm{N/mm^2}$, $\nu = 0.3$ とする。

---

【解答】 $\varepsilon_A$, $\varepsilon_B$, $\varepsilon_C$ の方向は, モール円上ではそれぞれ $\pi/2$ だけ異なっていることを考えると, モール円は図 **8.17** のようになる。

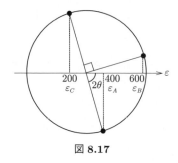

図 **8.17**

よって，主ひずみは

$$\varepsilon_1 = 300 + \sqrt{100^2 + 300^2} = 616.2\,\mu$$

$$\varepsilon_2 = 300 - \sqrt{100^2 + 300^2} = -16.2\,\mu$$

主応力は

$$\sigma_1 = \frac{E}{1-\nu^2}(\varepsilon_1 + \nu\varepsilon_2) = 134\,\mathrm{N/mm}^2$$

$$\sigma_2 = \frac{E}{1-\nu^2}(\varepsilon_2 + \nu\varepsilon_1) = 37\,\mathrm{N/mm}^2$$

となる。また，$\theta = \tan^{-1}(300/100)/2 = 35.8°$ となるので，最大主応力および最大主ひずみの方向は，$\varepsilon_A$ の方向を反時計回りに $35.8°$ 回転させた方向となる。 ◇

## 章 末 問 題

【**1**】 式 (8.4) を導け。

【**2**】 応力成分 $\begin{bmatrix} \sigma_x & \tau_{xy} \\ \tau_{yx} & \sigma_y \end{bmatrix}$ が下記のように得られているとき，主応力とその方向を求め，主応力図で表せ。

$$(1)\begin{bmatrix} 10 & 5 \\ 5 & -8 \end{bmatrix} \quad (2)\begin{bmatrix} 10 & -5 \\ -5 & -8 \end{bmatrix} \quad (3)\begin{bmatrix} -10 & 5 \\ 5 & 8 \end{bmatrix} \quad (4)\begin{bmatrix} 0 & 15 \\ 15 & 10 \end{bmatrix}$$

【**3**】 物体内のある点の主応力 $\sigma_1$，$\sigma_2$ が得られているとき，図 **8.18** のように主応力面を時計回りに $\theta$ だけ回転させた面に生じている応力を求めたい。以下の場合について，垂直応力 $\sigma_x$，$\sigma_y$ およびせん断応力 $\tau_{xy}$ を求めよ。

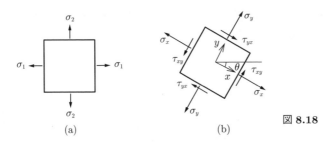

図 8.18

(a)　　　　　　　　　　　(b)

(1)　$\sigma_1 = 100, \sigma_2 = 20, \theta = 30°$　　　(2)　$\sigma_1 = 150, \sigma_2 = -50, \theta = 15°$

【4】　図 8.19 に示す 3 軸ひずみゲージにおいて，下記のひずみが計測されたとき，主応力とその方向を求めよ。ただし，$E = 2.0 \times 10^5 \, \mathrm{N/mm^2}$, $\nu = 0.3$ とする。

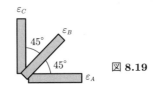

図 8.19

(1)　$\begin{bmatrix} \varepsilon_A \\ \varepsilon_B \\ \varepsilon_C \end{bmatrix} = \begin{bmatrix} 500 \\ 100 \\ 200 \end{bmatrix} \times 10^{-6}$　　　(2)　$\begin{bmatrix} \varepsilon_A \\ \varepsilon_B \\ \varepsilon_C \end{bmatrix} = \begin{bmatrix} -100 \\ 100 \\ 100 \end{bmatrix} \times 10^{-6}$

【5】　図 8.20 に示す 3 軸ひずみゲージにおいて，下記のひずみが計測されたとき，主応力とその方向を求めよ。ただし，$E = 2.0 \times 10^5 \, \mathrm{N/mm^2}$, $\nu = 0.3$ とする。

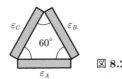

図 8.20

(1)　$\begin{bmatrix} \varepsilon_A \\ \varepsilon_B \\ \varepsilon_C \end{bmatrix} = \begin{bmatrix} 500 \\ 100 \\ 200 \end{bmatrix} \times 10^{-6}$　　　(2)　$\begin{bmatrix} \varepsilon_A \\ \varepsilon_B \\ \varepsilon_C \end{bmatrix} = \begin{bmatrix} -100 \\ 100 \\ 100 \end{bmatrix} \times 10^{-6}$

【6】 図 **8.21** に示すように，半径 $r$，板厚 $t$ の円筒容器に内圧 $p$ が作用している。これについて以下の問に答えよ。ただし，板厚 $t$ は十分に薄く，平面応力状態であるとしてよい。

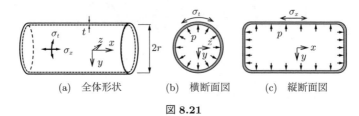

(a)  全体形状　　(b)  横断面図　　(c)  縦断面図

図 **8.21**

(1)  円筒壁に生じる長手方向応力 $\sigma_x$ と円周方向応力 $\sigma_t$ を求めよ。

(2)  円筒壁に生じる主ひずみを求めよ。ただし，弾性係数は $E$，ポアソン比は $\nu$ とする。

(3)  円筒壁において，$x$ 軸に対して $30°$ の向きに生じる垂直ひずみを求めよ。

# いくつかの発展的話題

## 9.1 組合せ外力を受ける部材

これまで軸力，せん断力，曲げモーメント，ねじりモーメントを受ける部材の応力や変形について個別に述べてきた。これらが単独に部材に作用する場合ももちろんあるが，いくつかが同時に作用する場合もある。このような外力を組合せ外力という。個々の外力によって生じる変形が微小であるとみなせる場合には，組合せ外力による応力や変形は，それぞれの外力による解を重ね合わせることによって求めることができる。

図 **9.1** に示すような L 形部材が，その先端に力を受ける場合を考える。図に示すように座標系を設定する。基部の断面 A に着目することとし，断面積を $A$，$y$ 軸および $z$ 軸に平行な中立軸まわりの断面 2 次モーメントをそれぞれ $I_y$，$I_z$ とする。

まず，$x$ 方向の力 $P_x$ が作用するときについて考える（図 (a) 参照）。この場合，断面 A に生じる断面力は軸力 $N$ と $z$ 軸まわりの曲げモーメント $M_z$ であり，これらはそれぞれ

$$N = P_x, \quad M_z = eP_x$$

と表される。軸力と曲げモーメントは，いずれも断面に垂直応力を生じさせる断面力であり，両者が同時に作用している場合には，それぞれに対して求められた垂直応力をそのまま足し合わせればよい。すなわち，断面 A に生じる垂直

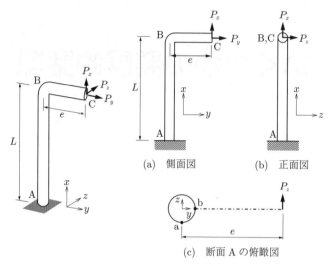

(a)　側面図　　　　(b)　正面図

(c)　断面 A の俯瞰図

図 **9.1**　L 形部材に作用する力

応力は

$$\sigma_x = \frac{N}{A} + \frac{M_z}{I_z}y = \frac{P_x}{A} + \frac{eP_x}{I_z}y$$

となる。図 **9.2** に上式で表される応力分布の重ね合わせのイメージを示す。

　つぎに，$y$ 方向の力 $P_y$ が作用する場合には，部材 AB には曲げモーメント $M_z$ とせん断力 $Q_y$ が生じるが，これはこれまでに論じてきたはりの問題であるので，説明は割愛する。

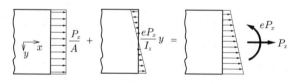

図 **9.2**　軸応力と曲げ応力の重ね合わせ

　最後に，$z$ 方向の力 $P_z$ が作用する場合を考える。この場合，$y$ 軸まわりの曲げモーメント $M_y$，$z$ 方向へのせん断力 $Q_z$ に加えて，図 9.1(c) からわかるように，$x$ 軸まわりにねじりモーメント $M_x$ が生じる。それらの大きさは

$$M_y = LP_z, \quad Q_z = P_z, \quad M_x = eP_z$$

である。この場合，断面には，曲げモーメントによって垂直応力が，せん断力とねじりモーメントによってせん断応力が生じることとなる。

ここでは例として，部材断面が半径 $R$ の中実円形断面であるとして，$P_z$ のみが作用する場合の応力を考察してみる。図 9.1(c) に示す断面 A の外表面上の点 a および点 b の応力に着目する。

**（a）点 a の応力**　円形断面の断面 2 次モーメントは $\pi R^4/4$ であるので，曲げモーメント $M_y (= LP_z)$ によって生じる垂直応力は

$$\sigma_x = \frac{M_y}{I_y} R = \frac{4M_y}{\pi R^3}$$

となる。つぎにせん断応力についてみると，$Q_z (= P_z)$ によるせん断応力は 0（外縁であるため）であるが，ねじりモーメント $M_x (= eP_z)$ によるせん断応力は，断面の周方向に生じ，外周においては式 (6.7) より

$$\tau_{xy} = \frac{2M_x}{\pi R^3} \tag{9.1}$$

である。よって，点 a の応力状態とモール円を示すと**図 9.3** のようになり，平面応力を仮定すると，主応力と主せん断応力が

$$\sigma_{1,2} = \frac{2M_y}{\pi R^3} \pm \sqrt{\left(\frac{2M_y}{\pi R^3}\right)^2 + \left(\frac{2M_x}{\pi R^3}\right)^2}$$

$$= \frac{2}{\pi R^3}\left(M_y \pm \sqrt{M_y^2 + M_x^2}\right) = \frac{2P_z}{\pi R^3}\left(L \pm \sqrt{L^2 + e^2}\right)$$

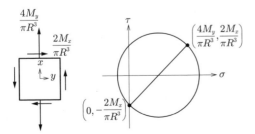

**図 9.3**　点 a の応力状態

$$\tau_1 = \sqrt{\left(\frac{2M_y}{\pi R^3}\right)^2 + \left(\frac{2M_x}{\pi R^3}\right)^2} = \frac{2}{\pi R^3}\sqrt{M_y^2 + M_x^2}$$
$$= \frac{2P_z}{\pi R^3}\sqrt{L^2 + e^2}$$

と求められる。

（**b**）　**点 b の応力**　　点 b は中立軸位置にあるので，曲げモーメント $M_y$ による曲げ応力は 0 である。せん断力 $Q_z(= P_z)$ によるせん断応力は式 (5.6) より

$$\tau_{xz} = \frac{4}{3}\frac{Q_z}{\pi R^2}$$

である。ねじりモーメント $M_x$ によるせん断応力は点 a と同様に式 (9.1) で表される。二つのせん断応力はいずれも $z$ 軸方向を向いているので，これらは単純に足し合わせることができ

$$\tau_{xz} = \frac{4}{3}\frac{Q_z}{\pi R^2} + \frac{2M_x}{\pi R^3} = \frac{2}{3\pi R^3}(2RQ_z + 3M_x)$$

となる。垂直応力が 0 であるので，純せん断応力状態となっており，図 **9.4** に示すモール円より，主応力および主せん断応力は

$$\sigma_{1,2} = \tau_1 = \pm\frac{2}{3\pi R^3}(2RQ_z + 3M_x) = \pm\frac{2P_z}{3\pi R^3}(2R + 3e)$$

となる。

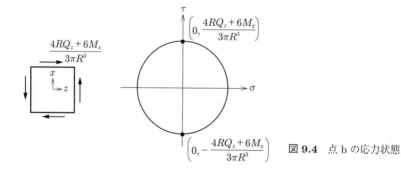

図 **9.4**　点 b の応力状態

# 9.2　合　成　部　材

　構造部材の中には，鉄筋コンクリートのように，複数の異なる材料を組み合わせて作られるものがある。このような部材を**合成部材**（composite member）という。合成部材では，異なる材料どうしが完全に付着され，一体となって挙動すると考え，材料が異なっても変位やひずみは断面内で連続的に変化するものとして解析を行う。

　**図 9.5** に示すように，鋼管の中にコンクリートを充填した部材をコンクリート充填鋼管といい，おもに柱として使用される。コンクリート充填鋼管柱が軸圧縮力 $P$ を受ける場合を考える。鋼材とコンクリートは完全に一体化しており，ひずみは同一であると考えてよいので，鋼材の応力と弾性係数を $\sigma_S$，$E_S$，コンクリートのそれを $\sigma_C$，$E_C$ とすると

$$\varepsilon = \frac{\sigma_C}{E_C} = \frac{\sigma_S}{E_S} \tag{9.2}$$

としてよい。

コンクリート

鋼管

**図 9.5**　コンクリート充填鋼管

　鋼材とコンクリートの断面積を $A_S$，$A_C$ とすると，力のつり合い式は

$$\sigma_C A_C + \sigma_S A_S = P$$

である。式 (9.2) を使うと，上式は

$$\sigma_S \left( \frac{E_C}{E_S} A_C + A_S \right) = P$$

と書き換えられる。そこで，実断面は**図 9.6**(a) に示すようなものであるが，図 (b) に示すように，コンクリート部分の断面積を $(E_C/E_S)A_C$ として取り扱えば，すべての断面が鋼でできているものとして計算を行うことができる。このような断面を**換算断面**（transformed section）と呼ぶ。

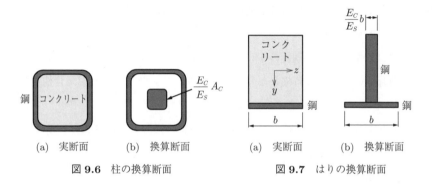

図 **9.6**　柱の換算断面　　　　図 **9.7**　はりの換算断面

上式ではコンクリートを鋼に換算していることになるので，換算断面によって計算される応力は，鋼部分に対しては正しい答えとなるが，コンクリート部分の応力は，出てきた答えに $E_C/E_S$ を乗じてコンクリートのそれに戻してやる必要がある。

つぎに，**図 9.7**(a) に示すようにコンクリートと鋼材からなる断面を有する合成はりを考える。一般には，コンクリートは引張りに弱く，このようなはりでは引張領域のコンクリートにひび割れが入ってしまうが，簡単のため，ここではひび割れは入らないものとしよう[†]。コンクリートと鋼材が一体であるとすれば，曲げ変形を受けたときに平面保持の仮説が成り立ち，ひずみは中立軸からの距離 $y$ に比例する。中立軸から $y$ の位置にあるコンクリートと鋼の応力は，式 (4.2) より

$$\sigma_C = E_C \phi y, \quad \sigma_S = E_S \phi y$$

---

[†]　ひび割れを考慮した解析方法はコンクリート工学などの講義を参考のこと。

となる。ただし $\phi$ は曲率である。式 (4.3) に示す軸力と曲げモーメントのつり合いより

$$\int_{A_C} \sigma_C dA + \int_{A_S} \sigma_S dA = E_C \phi \int_{A_C} ybdy + E_S \phi \int_{A_S} ybdy = 0$$

$$\int_{A_C} y\sigma_C dA + \int_{A_S} y\sigma_S dA = E_C \phi \int_{A_C} y^2 bdy + E_S \phi \int_{A_S} y^2 bdy = M$$

であるが，上式はそれぞれ

$$E_S \phi \left( \int_{A_C} y \frac{E_C}{E_S} bdy + \int_{A_S} ybdy \right) = 0$$

$$E_S \phi \left( \int_{A_C} y^2 \frac{E_C}{E_S} bdy + \int_{A_S} y^2 bdy \right) = M$$

と書き換えられるから，コンクリート部分の幅を $(E_C/E_S)b$ として取り扱えば，すべての断面が鋼材でできているものとして，これまでと同じように計算を行うことができる。すなわち，図 9.7(b) に示すように，コンクリート部分の幅を鋼に換算した断面を換算断面とすればよい。換算断面に対して中立軸位置を定め，中立軸まわりの断面 2 次モーメントを求め，曲げの式によって曲げ応力を求める。先ほどと同様に，鋼部分の応力はそのままの答えでよいが，コンクリート部分の応力には，出てきた答えに $E_C/E_S$ を乗じなければならない。

　合成はりのひずみ分布と応力分布のイメージを図 9.8 に示す。合成はりにおいてもひずみは 1 本の直線分布となること，また，そのために，弾性係数の違いにより，応力分布が不連続になることがポイントである。

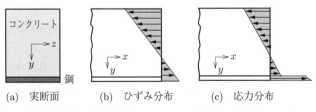

図 9.8　合成はりのひずみ分布と応力分布

**例題 9.1**  図 **9.9** に示すようなコンクリートと鋼材の合成はりがある。このはりが $M = 20\,\mathrm{kN \cdot m}$ の曲げモーメントを受けるときの曲げ応力分布を求めよ。ただし，鋼材の弾性係数は $E_s = 2.0 \times 10^5\,\mathrm{N/mm^2}$，コンクリートの弾性係数は $E_c = 2.0 \times 10^4\,\mathrm{N/mm^2}$ とする。また，コンクリートにひび割れは入らないものとしてよい。

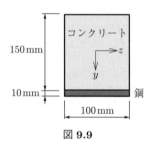

図 **9.9**

**【解答】**  $n = E_C/E_S = 0.1$ なので，コンクリート部分の幅を $100 \cdot 0.1 = 10\,\mathrm{mm}$ として考えればよい。上縁を基準に下向きに $y$ 軸をとる。

**表 9.1** より $y_0 = 267\,500/2\,500 = 107.0\,\mathrm{mm}$。上縁まわりの断面 2 次モーメントは $I = 35\,283\,333\,\mathrm{mm^4}$。中立軸まわりの断面 2 次モーメントは $I = 35\,283\,333 - 107^2 \cdot 3\,850 = 6.66 \times 10^6\,\mathrm{mm^4}$。

表 **9.1**

| 部位 | $b_i$ | $h_i$ | $A_i$ | $y_i$ | $y_i A_i$ | $y_i^2 A_i$ | $I_i$ | $y_i^2 A_i + I_i$ |
|---|---|---|---|---|---|---|---|---|
| コンクリート | 10 | 150 | 1 500 | 75 | 112 500 | 8 437 500 | 2 812 500 | 11 250 000 |
| 鋼 | 100 | 10 | 1 000 | 155 | 155 000 | 24 025 000 | 8 333 | 24 033 333 |
| 計 | | | 2 500 | | 267 500 | | | 35 283 333 |

〔注〕$b_i$：幅〔mm〕，$h_i$：高さ〔mm〕，$A_i$：断面積〔mm²〕

$y_i$：基準軸から各部位の図心までの距離〔mm〕

$I_i$：各部位の中立軸まわりの断面 2 次モーメント $(= b_i h_i^3/12)$〔mm⁴〕

上縁の鋼換算の応力は $\sigma_u = \dfrac{20 \times 10^6}{6.66 \times 10^6} \cdot (-107) = -321\,\mathrm{N/mm^2}$，コンクリートの応力は $\sigma_u = -321 \cdot 0.1 = -32.1\,\mathrm{N/mm^2}$。下縁の鋼の応力は $\sigma_l = \dfrac{20 \times 10^6}{6.66 \times 10^6} \cdot 53 = 159\,\mathrm{N/mm^2}$。両材の境界における鋼の応力は $\sigma_s = \dfrac{20 \times 10^6}{6.66 \times 10^6} \cdot$

$43 = 129\,\text{N/mm}^2$，コンクリートの応力は $\sigma_c = 129 \cdot 0.1 = 12.9\,\text{N/mm}^2$。この応力分布は図 **9.10** のようになる。

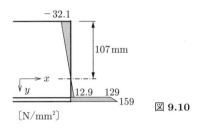

図 **9.10**

## 9.3　柱　の　座　屈

　3章の冒頭で述べたように，軸方向に圧縮力を受ける棒状の部材を柱という。細長い柱に圧縮力を加え，それを大きくしていくと，あるところで突然，図 **9.11** に示すような湾曲が発生してしまうことがある。これは柱に特有の破壊形態であり，**座屈**（buckling）と呼ばれる。

　どのような条件になったときに，座屈が発生するかを考えてみよう。図 **9.12** のように，柱の長手方向に $x$ 軸をとり，断面内に $y$ 軸と $z$ 軸をとる。ここでは座屈による変形は $z$ 軸方向に生じるものとし，それを $w$ と表すこととする。

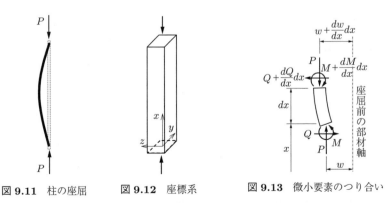

図 **9.11**　柱の座屈　　　　図 **9.12**　座標系　　　　図 **9.13**　微小要素のつり合い

座屈して曲がった状態の部材の微小要素 $dx$ を取り出すと**図 9.13** のようになる。水平方向の力のつり合いより

$$Q - \left( Q + \frac{dQ}{dx}dx \right) = 0$$

上端の中立軸位置まわりのモーメントのつり合いより

$$\left( M + \frac{dM}{dx}dx \right) - M - P\frac{dw}{dx}dx - Qdx = 0$$

が得られる。両式を整理すると

$$\frac{dQ}{dx} = 0, \quad \frac{dM}{dx} - P\frac{dw}{dx} - Q = 0 \tag{9.3}$$

となり，これより $Q$ を消去すると

$$\frac{d^2M}{dx^2} - P\frac{d^2w}{dx^2} = 0$$

となる。これに曲げモーメントとたわみの関係

$$M = -EI_y\frac{d^2w}{dx^2} \tag{9.4}$$

を代入すれば，支配方程式として

$$EI_y\frac{d^4w}{dx^4} + P\frac{d^2w}{dx^2} = 0 \tag{9.5}$$

が導かれる。ここで，$I_y$ は $y$ 軸まわりの断面2次モーメントである。上式は

$$\alpha^2 = \frac{P}{EI_y}$$

とおけば

$$\frac{d^4w}{dx^4} + \alpha^2\frac{d^2w}{dx^2} = 0$$

となる。この微分方程式の一般解は

$$w = A\sin\alpha x + B\cos\alpha x + Cx + D \tag{9.6}$$

である。$A \sim D$ は積分定数であり，柱の両端の支持条件から定められる。

　各種支持条件の数式表現は**表 9.2** のようになる。せん断力が $0$ になる条件は式 (9.3) に，曲げモーメントが $0$ になる条件は式 (9.4) にそれぞれ $Q = 0$，$M = 0$ を代入することにより導かれる。また，後の計算のためにたわみの2階微分を求めておくと

$$\frac{d^2 w}{dx^2} = -A\alpha^2 \sin \alpha x - B\alpha^2 \cos \alpha x \tag{9.7}$$

である。

**表 9.2**　支持条件の数式表現

| 種　別 | 固定端 | ヒンジ | 自由端 |
|---|---|---|---|
| 記号 | ▨ | ▨ | ▮ |
| 数式表現 | たわみ　$w=0$<br>たわみ角 $\dfrac{dw}{dx}=0$ | たわみ　　$w=0$<br>曲げモーメント $\dfrac{d^2 w}{dx^2}=0$ | せん断力 $EI\dfrac{d^3 w}{dx^3}+P\dfrac{dw}{dx}=0$<br>曲げモーメント $\dfrac{d^2 w}{dx^2}=0$ |

　さて，**図 9.14** に示すように上下端がヒンジで長さが $L$ の柱について考える。表 9.2, 式 (9.6), (9.7) を参照して

$$\left.\begin{array}{ll}
x = 0 \text{ で } w = 0 \text{ より} & B + D = 0 \\
x = 0 \text{ で } \dfrac{d^2 w}{dx^2} = 0 \text{ より} & -B\alpha^2 = 0 \\
x = L \text{ で } w = 0 \text{ より} & A \sin \alpha L + B \cos \alpha L + CL + D = 0 \\
x = L \text{ で } \dfrac{d^2 w}{dx^2} = 0 \text{ より} & -A\alpha^2 \sin \alpha L - B\alpha^2 \cos \alpha L = 0
\end{array}\right\} \tag{9.8}$$

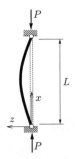

**図 9.14**　両端ヒンジの柱

となる。この連立方程式が $w = 0$ 以外の解を持つには，係数行列式が

$$
\begin{vmatrix}
0 & 1 & 0 & 1 \\
0 & -\alpha^2 & 0 & 0 \\
\sin \alpha L & \cos \alpha L & L & 1 \\
-\alpha^2 \sin \alpha L & -\alpha^2 \cos \alpha L & 0 & 0
\end{vmatrix} = 0
$$

の条件を満足しなければならない。これを展開すると

$$
\sin \alpha L = 0 \quad \Rightarrow \quad \alpha L = n\pi \quad (n = 1, 2, 3, \cdots)
$$

でなければならないことがわかる。$\alpha$ を元に戻すと

$$
P = \frac{n^2 \pi^2 E I_y}{L^2}
$$

が得られる。すなわち，このような荷重となった場合に，柱は曲がった状態でつり合い状態になる。$n$ は無数にあるが，このうち最も小さな荷重を与えるのは $n = 1$ の場合であるので，その際の荷重

$$
P_E = \frac{\pi^2 E I_y}{L^2} \tag{9.9}
$$

を**弾性座屈荷重** (elastic buckling load)，**オイラーの座屈荷重** (Euler's critical load) と呼ぶ。また，式 (9.8) を見ると，0 でない積分定数は $A$ のみであるので，$n = 1$ に対応する座屈形状（座屈モード）は

$$
w = A \sin \alpha x = A \sin \frac{\pi x}{L}
$$

と正弦波の半波となる。

これまでは両端がヒンジの柱について考えたが，異なる支持条件の柱についても同じように考えることができる。当然のことながら支持条件に応じて座屈荷重は異なるが，その差は柱の長さを調整することで考慮されることが多い。つまり，式 (9.9) の $L$ の代わりに

$$
L_k = kL \tag{9.10}
$$

とし，支持条件に応じた $k$ の値を与えることで，さまざまな支持条件での座屈荷重が同一の式で求められる。この $L_k$ を**有効座屈長** (effective buckling length) という。

代表的な支持条件の柱に対する係数 $k$ の値を**表 9.3** に示す。例えば両端固定支持の柱においては、有効座屈長として $L/2$ をとり、これを用いて式 (9.9) により座屈荷重を計算すればよい。これは表 9.3 に見られるように、両端ピン支持の柱の座屈モードが、両端固定支持の柱の中央部のそれと同様であることからも理解できる。

**表 9.3** 有効座屈長

| 座屈モード | | 固定両端<br>$L$ $L_k$ | ヒンジ<br>$L_k$ | ヒンジ<br>$L_k$ | 自由<br>$L_k = 2L$ |
|---|---|---|---|---|---|
| 支持<br>条件 | 上端 | 固定 | ヒンジ | ヒンジ | 自由 |
| | 下端 | 固定 | 固定 | ヒンジ | 固定 |
| $k$ | | 0.5 | 0.7 | 1.0 | 2.0 |

## 9.4　応力テンソル（2次元）

2次元ベクトルの座標変換則は式 (8.1) であった。この式はベクトルの数学的な定義を与えている。すなわち、ある量が二つの成分を持ち、その成分が式 (8.1) に示す座標変換則に従うとき、その量はベクトルと呼ばれる。その量がベクトルであることが確認されれば、さまざまなベクトル解析の知識を利用することができる。

これを拡張して、ある量が $2^2 = 4$ つの成分を持ち、$x$–$y$ 座標系で表した成分を $a_{ij}$、$x'$–$y'$ 座標系で表した成分を $a'_{ij}$ とする。それらがつぎに示す座標変換則に従うとき、その量は **2階のテンソル**（2nd order tensor）と呼ばれる[†]。

---

[†]　スカラーは0階のテンソル、ベクトルは1階のテンソルとも呼ばれ、テンソルの一種である。

$$\begin{bmatrix} a'_{11} & a'_{12} \\ a'_{21} & a'_{22} \end{bmatrix} = \begin{bmatrix} \cos\theta & \sin\theta \\ -\sin\theta & \cos\theta \end{bmatrix} \begin{bmatrix} a_{11} & a_{12} \\ a_{21} & a_{22} \end{bmatrix} \begin{bmatrix} \cos\theta & \sin\theta \\ -\sin\theta & \cos\theta \end{bmatrix}^T$$

その量がテンソルであることがわかれば，さまざまなテンソル解析の知識を利用することができる。ベクトルは矢印で表すことができるが，2 階以上のテンソルはそのような表現が難しく，イメージを捉えにくい。本当にそのような量があるのかと思うかもしれないが，じつは，応力はテンソルである。

応力は，応力成分として $\sigma_x$, $\tau_{xy}$, $\tau_{yx}$, $\sigma_y$ の四つを有しているから，成分の数としてはテンソルの資格がある。では，上式に示す座標変換則を満足しているであろうか。実際の計算は各人にまかせるが，以下の式

$$\begin{bmatrix} \sigma_{x'} & \tau_{x'y'} \\ \tau_{y'x'} & \sigma_{y'} \end{bmatrix} = \begin{bmatrix} \cos\theta & \sin\theta \\ -\sin\theta & \cos\theta \end{bmatrix} \begin{bmatrix} \sigma_x & \tau_{xy} \\ \tau_{yx} & \sigma_y \end{bmatrix} \begin{bmatrix} \cos\theta & \sin\theta \\ -\sin\theta & \cos\theta \end{bmatrix}^T$$

の右辺を展開すると，力のつり合いから導かれた式 (8.5) とまったく同じ式を導くことができる。よって，応力はテンソルとして取り扱うことができ，これを**応力テンソル**（stress tensor）という。

先に応力ベクトルを紹介した。応力テンソルと応力ベクトルの関係についてみておこう。2 階のテンソルとベクトル（1 階のテンソル）との積は，ベクトルとなることが知られている。結論から先にいうと，応力テンソルに，任意の方向を向く面の単位法線ベクトルをかけると，その面に生じている応力ベクトルが得られる。すなわち，応力テンソルを

$$\begin{bmatrix} \sigma_x & \tau_{xy} \\ \tau_{yx} & \sigma_y \end{bmatrix}$$

とし，ある面の単位法線ベクトルを $(n_x, n_y)$，その面に生じる応力ベクトルを $(T_x, T_y)$ としたとき

$$\begin{bmatrix} T_x \\ T_y \end{bmatrix} = \begin{bmatrix} \sigma_x & \tau_{xy} \\ \tau_{yx} & \sigma_y \end{bmatrix} \begin{bmatrix} n_x \\ n_y \end{bmatrix} = \begin{bmatrix} \sigma_x n_x + \tau_{xy} n_y \\ \tau_{yx} n_x + \sigma_y n_y \end{bmatrix}$$

の関係がある。これを**コーシーの公式**（Cauchy's formula）という。

　コーシーの公式を確認するために，再び図 8.3（104 ページ）に示す微小三角形のつり合いを考える。斜面の単位法線ベクトルは $(\cos\theta, \sin\theta)$ であるので，コーシーの公式によれば，斜面上に生じる応力ベクトルは

$$\begin{bmatrix} T_x \\ T_y \end{bmatrix} = \begin{bmatrix} \sigma_x \cos\theta + \tau_{xy} \sin\theta \\ \tau_{yx} \cos\theta + \sigma_y \sin\theta \end{bmatrix}$$

となる。

　応力ベクトルの，面に垂直な成分が垂直応力，面に平行な成分がせん断応力である。垂直応力は，応力ベクトルと単位法線ベクトル $(\cos\theta, \sin\theta)$ の内積をとればよいので

$$\sigma_{x'} = T_x n_x + T_y n_y = \sigma_x \cos^2\theta + 2\tau_{xy} \sin\theta\cos\theta + \sigma_y \sin^2\theta$$

となり，これは式 (8.2) と一致している。また，せん断応力は，面に平行な方向の単位ベクトル $(-\sin\theta, \cos\theta)$ との内積をとれば

$$\begin{aligned} \tau_{x'y'} &= -\sigma_x \sin\theta\cos\theta - \tau_{xy} \sin^2\theta + \tau_{yx} \cos^2\theta + \sigma_y \sin\theta\cos\theta \\ &= -\sigma_x \sin\theta\cos\theta + \tau_{xy}(\cos^2\theta - \sin^2\theta) + \sigma_y \sin\theta\cos\theta \end{aligned}$$

となり，式 (8.3) と一致する。

　以上より，応力テンソルに任意の方向の面の法線ベクトルをかけると，その面に生じる応力ベクトルが得られることが確認できた。

　コーシーの公式は 3 次元問題に対しても成り立つ。すなわち，応力テンソルを

$$\begin{bmatrix} \sigma_x & \tau_{xy} & \tau_{xz} \\ \tau_{yx} & \sigma_y & \tau_{yz} \\ \tau_{zx} & \tau_{zy} & \sigma_z \end{bmatrix}$$

とし，着目する面の単位法線ベクトルを $(n_x, n_y, n_z)$，応力ベクトルを $(T_x, T_y, T_z)$ としたとき

$$\begin{bmatrix} T_x \\ T_y \\ T_z \end{bmatrix} = \begin{bmatrix} \sigma_x & \tau_{xy} & \tau_{xz} \\ \tau_{yx} & \sigma_y & \tau_{yz} \\ \tau_{zx} & \tau_{zy} & \sigma_z \end{bmatrix} \begin{bmatrix} n_x \\ n_y \\ n_z \end{bmatrix} = \begin{bmatrix} \sigma_x n_x + \tau_{xy} n_y + \tau_{xz} n_z \\ \tau_{yx} n_x + \sigma_y n_y + \tau_{yz} n_z \\ \tau_{zx} n_x + \tau_{zy} n_y + \sigma_z n_z \end{bmatrix}$$

である。これにより，3次元問題においても，任意の方向を向く面に生じている応力ベクトルを求めることができる。

---

**例題 9.2**　平面応力状態にある物体内のある点の応力が以下のように得られている。

$$
\begin{bmatrix} \sigma_x & \tau_{xy} \\ \tau_{yx} & \sigma_y \end{bmatrix} = \begin{bmatrix} 3 & 1 \\ 1 & 2 \end{bmatrix}
$$

この点において，直線 $-x + 3y = 1$ に平行な面（単位厚さを有する辺）に生じる応力ベクトルを，コーシーの公式を用いて求めよ。また，垂直応力とせん断応力の大きさを求めよ。

---

**【解答】**　対象とする面に平行な単位ベクトルは $\dfrac{1}{\sqrt{10}}(3,1)$，面に垂直な単位ベクトル（単位法線ベクトル）は $\dfrac{1}{\sqrt{10}}(-1,3)$ となる。コーシーの公式より，応力ベクトルは

$$
\begin{bmatrix} T_x \\ T_y \end{bmatrix} = \begin{bmatrix} \sigma_x n_x + \tau_{xy} n_y \\ \tau_{yx} n_x + \sigma_y n_y \end{bmatrix} = \frac{1}{\sqrt{10}} \begin{bmatrix} 3 \cdot (-1) + 1 \cdot 3 \\ 1 \cdot (-1) + 2 \cdot 3 \end{bmatrix} = \frac{1}{\sqrt{10}} \begin{bmatrix} 0 \\ 5 \end{bmatrix}
$$

垂直応力は，応力ベクトルと単位法線ベクトルとの内積をとって

$$
\sigma = \frac{1}{10}\{0 \cdot (-1) + 5 \cdot 3\} = \frac{3}{2}
$$

せん断応力は，応力ベクトルと，面に平行な単位ベクトルとの内積をとって

$$
\tau = \frac{1}{10}\{0 \cdot 3 + 5 \cdot 1\} = \frac{1}{2}
$$

　実はこの問題は例題 8.1（106 ページ）と同じである。例題 8.1 と同じ答えが得られていることを確認しておこう。　　　　　　　　　　　　　　　　　　◇

## 9.5　ひずみテンソル（2次元）

式 (8.22) で示したように，ひずみの座標変換則も応力のそれと同一であるから，つぎの四つの成分で表される量はテンソルである。

$$
\begin{bmatrix} \varepsilon_x & \varepsilon_{xy} \\ \varepsilon_{yx} & \varepsilon_y \end{bmatrix} = \begin{bmatrix} \varepsilon_x & \dfrac{1}{2}\gamma_{xy} \\ \dfrac{1}{2}\gamma_{yx} & \varepsilon_y \end{bmatrix} = \begin{bmatrix} \dfrac{\partial u}{\partial x} & \dfrac{1}{2}\left(\dfrac{\partial u}{\partial y} + \dfrac{\partial v}{\partial x}\right) \\ \dfrac{1}{2}\left(\dfrac{\partial v}{\partial x} + \dfrac{\partial u}{\partial y}\right) & \dfrac{\partial v}{\partial y} \end{bmatrix}
$$

これを**ひずみテンソル** (strain tensor) という。

　式 (8.22) の導出に当たっては，フック則を用いたので，線形弾性体に限っての話であったが，ここでは変形そのものに対する考察からひずみの座標変換則を導いてみる。

　再び図 7.4（93 ページ）をみてみよう。微小長方形がこのように変形したとする。微小長方形内において，ひずみは一定であり，$\dfrac{\partial u}{\partial x}$，$\dfrac{\partial u}{\partial y}$，$\dfrac{\partial v}{\partial x}$，$\dfrac{\partial v}{\partial y}$ は一定であるとする。

　さて，$x$–$y$ 座標系において，長方形内の任意の位置 $(x, y)$ の変位ベクトルは

$$
\begin{bmatrix} u \\ v \end{bmatrix} = \begin{bmatrix} u_0 + \dfrac{\partial u}{\partial x}x + \dfrac{\partial u}{\partial y}y \\ v_0 + \dfrac{\partial v}{\partial y}y + \dfrac{\partial v}{\partial x}x \end{bmatrix} = \begin{bmatrix} u_0 + \varepsilon_x x + \dfrac{\partial u}{\partial y}y \\ v_0 + \varepsilon_y y + \dfrac{\partial v}{\partial x}x \end{bmatrix}
$$

と表される。$x$–$y$ 座標系から $\theta$ だけ傾いた座標系を $x'$–$y'$ 座標系とし，上記の変位ベクトルを $x'$–$y'$ 座標系で表すと，式 (8.1) により

$$
\begin{bmatrix} u' \\ v' \end{bmatrix} = \begin{bmatrix} \cos\theta & \sin\theta \\ -\sin\theta & \cos\theta \end{bmatrix} \begin{bmatrix} u \\ v \end{bmatrix} = \begin{bmatrix} \cos\theta & \sin\theta \\ -\sin\theta & \cos\theta \end{bmatrix} \begin{bmatrix} u_0 + \varepsilon_x x + \dfrac{\partial u}{\partial y}y \\ v_0 + \varepsilon_y y + \dfrac{\partial v}{\partial x}x \end{bmatrix}
$$

$$
= \begin{bmatrix} u_0\cos\theta + v_0\sin\theta + \left(\varepsilon_x x + \dfrac{\partial u}{\partial y}y\right)\cos\theta + \left(\varepsilon_y y + \dfrac{\partial v}{\partial x}x\right)\sin\theta \\ -u_0\sin\theta + v_0\cos\theta - \left(\varepsilon_x x + \dfrac{\partial u}{\partial y}y\right)\sin\theta + \left(\varepsilon_y y + \dfrac{\partial v}{\partial x}x\right)\cos\theta \end{bmatrix}
$$

である。よって，$x'$ 軸，$y'$ 軸方向の垂直ひずみは

$$
\begin{bmatrix} \varepsilon_{x'} \\ \varepsilon_{y'} \end{bmatrix} = \begin{bmatrix} \dfrac{\partial u'}{\partial x'} \\ \dfrac{\partial v'}{\partial y'} \end{bmatrix}
$$

$$
= \begin{bmatrix} \left( \varepsilon_x \dfrac{\partial x}{\partial x'} + \dfrac{\partial u}{\partial y} \dfrac{\partial y}{\partial x'} \right) \cos\theta + \left( \varepsilon_y \dfrac{\partial y}{\partial x'} + \dfrac{\partial v}{\partial x} \dfrac{\partial x}{\partial x'} \right) \sin\theta \\[2mm] - \left( \varepsilon_x \dfrac{\partial x}{\partial y'} + \dfrac{\partial u}{\partial y} \dfrac{\partial y}{\partial y'} \right) \sin\theta + \left( \varepsilon_y \dfrac{\partial y}{\partial y'} + \dfrac{\partial v}{\partial x} \dfrac{\partial x}{\partial y'} \right) \cos\theta \end{bmatrix} \quad (9.11)
$$

となる。ここで，式 (8.1) より

$$
x = x' \cos\theta - y' \sin\theta, \quad y = x' \sin\theta + y' \cos\theta
$$

なので

$$
\frac{\partial x}{\partial x'} = \cos\theta, \quad \frac{\partial y}{\partial x'} = \sin\theta, \quad \frac{\partial x}{\partial y'} = -\sin\theta, \quad \frac{\partial y}{\partial y'} = \cos\theta
$$

である。これらを式 (9.11) に代入すると

$$
\begin{bmatrix} \varepsilon_{x'} \\ \varepsilon_{y'} \end{bmatrix} = \begin{bmatrix} \varepsilon_x \cos^2\theta + \dfrac{\partial u}{\partial y} \sin\theta\cos\theta + \varepsilon_y \sin^2\theta + \dfrac{\partial v}{\partial x} \sin\theta\cos\theta \\[2mm] \varepsilon_x \sin^2\theta - \dfrac{\partial u}{\partial y} \sin\theta\cos\theta + \varepsilon_y \cos^2\theta - \dfrac{\partial v}{\partial x} \sin\theta\cos\theta \end{bmatrix}
$$

$$
= \begin{bmatrix} \varepsilon_x \cos^2\theta + 2\varepsilon_{xy} \sin\theta\cos\theta + \varepsilon_y \sin^2\theta \\[2mm] \varepsilon_x \sin^2\theta - 2\varepsilon_{xy} \sin\theta\cos\theta + \varepsilon_y \cos^2\theta \end{bmatrix}
$$

が得られる。

せん断ひずみは

$$
\begin{aligned}
\varepsilon_{x'y'} &= \frac{1}{2} \left( \frac{\partial u'}{\partial y'} + \frac{\partial v'}{\partial x'} \right) \\[2mm]
&= \frac{1}{2} \left\{ \left( \varepsilon_x \frac{\partial x}{\partial y'} + \frac{\partial u}{\partial y} \frac{\partial y}{\partial y'} \right) \cos\theta + \left( \varepsilon_y \frac{\partial y}{\partial y'} + \frac{\partial v}{\partial x} \frac{\partial x}{\partial y'} \right) \sin\theta \right. \\[2mm]
&\qquad \left. - \left( \varepsilon_x \frac{\partial x}{\partial x'} + \frac{\partial u}{\partial y} \frac{\partial y}{\partial x'} \right) \sin\theta + \left( \varepsilon_y \frac{\partial y}{\partial x'} + \frac{\partial v}{\partial x} \frac{\partial x}{\partial x'} \right) \cos\theta \right\} \\[2mm]
&= \frac{1}{2} \left\{ -\varepsilon_x \sin\theta\cos\theta + \frac{\partial u}{\partial y} \cos^2\theta + \varepsilon_y \sin\theta\cos\theta - \frac{\partial v}{\partial x} \sin^2\theta \right. \\[2mm]
&\qquad \left. - \varepsilon_x \sin\theta\cos\theta - \frac{\partial u}{\partial y} \sin^2\theta + \varepsilon_y \sin\theta\cos\theta + \frac{\partial v}{\partial x} \cos^2\theta \right\} \\[2mm]
&= -\varepsilon_x \sin\theta\cos\theta + \varepsilon_{xy}(\cos^2\theta - \sin^2\theta) + \varepsilon_y \sin\theta\cos\theta
\end{aligned}
$$

となる。

まとめると

$$
\begin{bmatrix} \varepsilon_{x'} \\ \varepsilon_{y'} \\ \varepsilon_{x'y'} \end{bmatrix} = \begin{bmatrix} \cos^2\theta & \sin^2\theta & 2\sin\theta\cos\theta \\ \sin^2\theta & \cos^2\theta & -2\sin\theta\cos\theta \\ -\sin\theta\cos\theta & \sin\theta\cos\theta & \cos^2\theta - \sin^2\theta \end{bmatrix} \begin{bmatrix} \varepsilon_x \\ \varepsilon_y \\ \varepsilon_{xy} \end{bmatrix}
$$

となり，式 (8.22) と同じ結果が得られる。

## 9.6　断　面　の　主　軸

断面内に図心を原点とする $y$–$z$ 座標系をとり，$y$ 軸まわりの断面 2 次モーメントを $I_y$ などと表すことにする。

$y$–$z$ 座標系を $\theta$ だけ回転させた $y'$–$z'$ 座標系を考える。

$$
\begin{bmatrix} y' \\ z' \end{bmatrix} = \begin{bmatrix} \cos\theta & \sin\theta \\ -\sin\theta & \cos\theta \end{bmatrix} \begin{bmatrix} y \\ z \end{bmatrix}
$$

であるから，$z'$ 軸まわりの断面 2 次モーメントは

$$
\begin{aligned}
I_{z'} &= \int_A y'^2 dA = \int_A (y\cos\theta + z\sin\theta)^2 dA \\
&= \int_A (y^2\cos^2\theta + 2yz\sin\theta\cos\theta + z^2\sin^2\theta)dA \\
&= I_z\cos^2\theta + 2\sin\theta\cos\theta \int_A yz\,dA + I_y\sin^2\theta
\end{aligned}
$$

ここで

$$
I_{yz} = I_{zy} = \int_A yz\,dA
$$

と定義する。これを**断面相乗モーメント** (product of inertia of area) という。これを用いると

$$
I_{z'} = I_z\cos^2\theta + 2I_{yz}\sin\theta\cos\theta + I_y\sin^2\theta
$$

となる。$y'$ 軸まわりの断面 2 次モーメントについても同じように計算すると

$$I_{y'} = I_z \sin^2 \theta - 2I_{yz} \sin\theta\cos\theta + I_y \cos^2\theta$$

が得られる。さらに，$I_{y'z'}$ についても計算してみると

$$I_{y'z'} = \int_A y'z'dA = \int_A (y\cos\theta + z\sin\theta)(-y\sin\theta + z\cos\theta)dA$$

$$= -I_z \sin\theta\cos\theta + I_{yz}(\cos^2\theta - \sin^2\theta) + I_y \sin\theta\cos\theta$$

が得られる。以上をまとめると

$$\begin{bmatrix} I_{z'} \\ I_{y'} \\ I_{y'z'} \end{bmatrix} = \begin{bmatrix} \cos^2\theta & \sin^2\theta & 2\sin\theta\cos\theta \\ \sin^2\theta & \cos^2\theta & -2\sin\theta\cos\theta \\ -\sin\theta\cos\theta & \sin\theta\cos\theta & \cos^2\theta - \sin^2\theta \end{bmatrix} \begin{bmatrix} I_z \\ I_y \\ I_{yz} \end{bmatrix}$$

となる。もうお気づきだと思うが，式 (8.5)，(8.22) などと比較してわかるように

$$\begin{bmatrix} I_z & I_{zy} \\ I_{yz} & I_y \end{bmatrix}$$

はテンソルである。テンソルでなので，ある直交座標系で $I_y$，$I_z$ は極小値，極大値をとり，その際 $I_{yz}$，$I_{zy}$ は 0 になる。そのときの直交座標軸を，断面の**主軸**（principal axis）という。2 本の主軸のうち，大きい断面 2 次モーメントを与える軸を強軸，他方を弱軸と呼ぶ。

主軸に対して求められた断面 2 次モーメントは，断面主 2 次モーメントと呼ばれる。断面主 2 次モーメントや主軸方向の具体的な計算にはモール円を用いることができる。4 章では述べなかったが，これまで断面諸量や曲げ応力の説明に用いたのは，すべて，図心を通る水平方向の主軸や，そのまわりの断面主 2 次モーメントであった。

なお，対称軸を有する図形では対称軸が主軸となる。なぜなら，例えば $y$ 軸が対称軸だとすると

$$I_{yz} = \int_A yz\,dA = \int_{y_1}^{y_2} y \int_{-z(y)}^{z(y)} z\,dz\,dy = \int_{y_1}^{y_2} y \left[ \frac{z^2}{2} \right]_{-z(y)}^{z(y)} dy = 0$$

となるためである。

## 9.7　非 対 称 曲 げ

4章で示した曲げ応力の式やたわみの式が使えるのは，じつは断面の主軸まわりに曲げモーメントが生じるときのみである。主軸以外の軸まわりに曲げモーメントが生じる際には，それを二つの主軸方向に分解し，それぞれの曲げモーメントによる曲げを考えて応力やたわみを求め，最後にそれらを合成する必要がある。このような問題を**非対称曲げ**（non-symmetrical bending）という。

一例として，**図 9.15** のような長方形断面を有する片持ちばりの自由端において，対角線方向に荷重 $P$ が作用する場合を考える。このはりの固定端における曲げ応力分布を求めてみる。長方形断面であるから，図心は中央の点にある。また，主軸は二つの対称軸である。

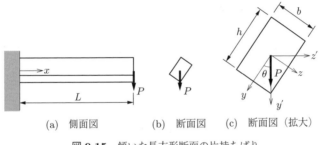

**図 9.15**　傾いた長方形断面の片持ちばり

(a)　側面図　　　(b)　断面図　　(c)　断面図（拡大）

さて，これまでのように，図心を原点として鉛直方向と水平方向に $y'$–$z'$ 座標をとるとする。この例の場合，曲げモーメントは $z'$ 軸まわりに生じるので，この座標軸の設定のしかたは自然であるようにみえる。$z'$ 軸まわりの断面2次モーメント $I_{z'}$ を計算し，曲げ応力を $\sigma(y') = (M_{z'}/I_{z'})y'$ によって計算すれば何らかの値は出てくるが，この答えは正しくない。なぜならば，もし上記のような曲げ応力が生じているとすると，$y'$ 軸まわりのモーメントが

$$M_{y'} = \int_A z'\sigma(y')dA = \frac{M_{z'}}{I_{z'}} \int_A y'z'dA = \frac{M_{z'}}{I_{z'}} I_{y'z'}$$

となるが，この軸は主軸ではないため $I_{y'z'}$ が 0 とはならず，$M_{y'}$ が値を持ってしまうためである。このはりに $y'$ 軸まわりのモーメントは作用していないので，これではつり合わないことになる。

この問題を解くには，まず，荷重 $P$ を二つの主軸の方向に分解する。図 9.15 のように主軸に沿って $y$–$z$ 座標系を設定すると，固定端における $y$ 軸まわりの曲げモーメント $M_y$ と，$z$ 軸まわりの曲げモーメント $M_z$ は，それぞれ

$$M_y = -P\sin\theta \cdot L, \quad M_z = -P\cos\theta \cdot L$$

となる。また，それぞれの軸まわりの断面 2 次モーメントは

$$I_y = \frac{b^3 h}{12}, \quad I_z = \frac{bh^3}{12}$$

であるから，曲げ応力は

$$(\sigma_x)_y = \frac{M_y}{I_y}z = -\frac{12P\sin\theta \cdot L}{b^3 h}z$$

$$(\sigma_x)_z = \frac{M_z}{I_z}y = -\frac{12P\cos\theta \cdot L}{bh^3}y$$

となる。よって，両者を合成した曲げ応力は

$$\sigma_x = -\frac{12PL}{bh}\left(\frac{\sin\theta}{b^2}z + \frac{\cos\theta}{h^2}y\right)$$

あるいは

$$\sin\theta = \frac{b}{\sqrt{b^2 + h^2}}, \quad \cos\theta = \frac{h}{\sqrt{b^2 + h^2}}$$

を使って整理すると

$$\sigma_x = -\frac{12PL}{bh\sqrt{b^2 + h^2}}\left(\frac{z}{b} + \frac{y}{h}\right)$$

となる。最大引張応力は頂部の点，$y = -h/2$，$z = -b/2$ で生じ

$$\sigma_{x,\mathrm{max}} = \frac{12PL}{bh\sqrt{b^2 + h^2}}$$

である。

たわみについても同様に，主軸方向に荷重 $P$ を分解して計算し，それを合成すればよい。例として，自由端のたわみを求めてみよう。先端に集中荷重を受ける片持ちばりの自由端のたわみは，式 (4.30) より $PL^3/(3EI)$ で与えられるので，$y$ 軸方向に生じるたわみ $v$ と，$z$ 軸方向に生じるたわみ $w$ は，それぞれ

$$v = \frac{P\cos\theta \cdot L^3}{3EI_z}, \quad w = \frac{P\sin\theta \cdot L^3}{3EI_y}$$

となる。両者を合成すると

$$\delta = \sqrt{v^2 + w^2} = \frac{PL^3}{3E}\sqrt{\frac{\sin^2\theta}{I_y^2} + \frac{\cos^2\theta}{I_z^2}} = \frac{4PL^3}{Eb^2h^2}$$

となる。また，変位方向と $y$ 軸との角度は

$$\tan\alpha = \frac{w}{v} = \frac{I_z\sin\theta}{I_y\cos\theta} = \frac{bh^3\sin\theta}{b^3h\cos\theta} = \frac{h}{b}$$

となる。このイメージを図 **9.16** に示す。このように，非対称曲げにおいては荷重方向とたわみの方向は一致しない。

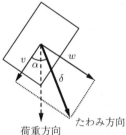

荷重方向　たわみ方向　　図 **9.16**　たわみの方向

## 章 末 問 題

【**1**】　図 **9.17** に示すはりにおいて，左端から $300\,\mathrm{mm}$ で，$y = -150, -75, 0, 75,$
$150\,\mathrm{mm}$ の位置にある 5 点における主応力とその方向を求めよ。ただし，$\sigma_y = \sigma_z = \tau_{yz} = \tau_{zx} = 0$ とする。

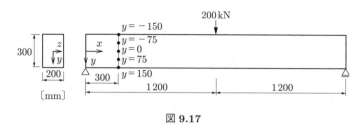

図 **9.17**

**【2】** 幅 $b$, 高さ $h$ の長方形断面を有する長さ $L$ の片持ちばりに, 図 **9.18** に示すように力 $P$ を作用させたとき, はりのすべての位置において圧縮応力が生じるようにするには, $\theta$ をどのようにとればよいか。

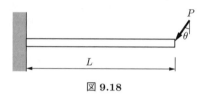

図 **9.18**

**【3】** 図 **9.19** に示すようなコンクリートと鋼材の合成はりがある。濃い灰色領域が鋼, 薄い灰色領域がコンクリートでできている。このはりが $z$ 軸まわりに $M=20\,\mathrm{kN\cdot m}$ の曲げモーメントを受けるときの曲げ応力分布を求めよ。ただし, 鋼材の弾性係数は $E_s = 2.0 \times 10^5\,\mathrm{N/mm^2}$, コンクリートの弾性係数は $E_c = 2.0 \times 10^4\,\mathrm{N/mm^2}$ とする。また, コンクリートのひび割れは考慮しなくてよい。

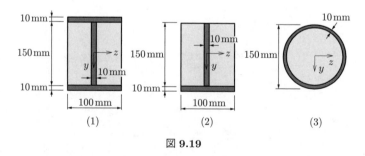

図 **9.19**

**【4】** 上下端とも固定支持で長さが $L$ の柱の弾性座屈荷重を式 (9.6) を基に求めてみよ。

【5】 物体内のある点の応力テンソルが以下のように得られているとする。

$$\begin{bmatrix} \sigma_x & \tau_{xy} & \tau_{xz} \\ \tau_{yx} & \sigma_y & \tau_{yz} \\ \tau_{zx} & \tau_{zy} & \sigma_z \end{bmatrix} = \begin{bmatrix} 0 & 1 & 2 \\ 1 & 2 & 0 \\ 2 & 0 & 1 \end{bmatrix}$$

この点において，以下の式で表される平面に平行な面に生じる応力ベクトルを求めよ。また，垂直応力とせん断応力の大きさを求めよ。

(1) $x + 3y + z = 1$

(2) $2x - y + 2z = 3$

(3) $-x + 2y - 2z = 2$

【6】 図 9.20 に示す断面の $z$ 軸まわりの断面 2 次モーメントを

(1) $\displaystyle\int_A y^2 dA$ の定義に従って計算せよ。

(2) テンソルの変換則を使って求めよ。

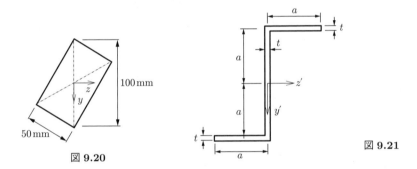

図 9.20

図 9.21

【7】 図 9.21 に示す薄肉断面 $(t \ll a)$ を持つ，長さが $L$ の片持ちばりについてつぎの問に答えよ。

(1) この断面の断面主 2 次モーメントを求めよ。

(2) はりの先端に荷重 $P$ が鉛直下向きに作用しているとき，自由端の $y'$ 軸方向のたわみ，$z'$ 軸方向のたわみを求めよ。

(3) 上記の荷重が作用しているときの最大曲げ引張応力を求めよ。

# 章末問題解答

**1章**

【 1 】 (1) $R_A = 3.33\,\text{kN}, \ R_B = 1.67\,\text{kN}$

(2) $R_B = -2.5\,\text{kN}, \ R_C = 7.5\,\text{kN}$

(3) $R_A = R_B = 3\,\text{kN}$

(4) $R_A = 3.33\,\text{kN}, \ R_B = 0.67\,\text{kN}$

(5) $R_A = -2\,\text{kN}, \ R_B = 2\,\text{kN}$

(6) $R_A = 3.54\,\text{kN}, \ H_A = 3.54\,\text{kN}, \ M_A = 10.6\,\text{kN·m}$

(7) $R_A = 1.5\,\text{kN}, \ H_A = 0\,\text{kN}, \ M_A = 3.5\,\text{kN·m}$

(8) $R_A = 0\,\text{kN}, \ H_A = 1\,\text{kN}, \ M_A = 2\,\text{kN·m}$

【 2 】 解図 1.1 参照

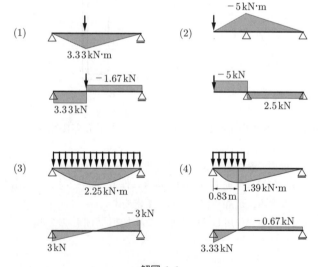

(1) 3.33 kN·m
(2) −5 kN·m

−1.67 kN
3.33 kN
−5 kN
2.5 kN

(3) 2.25 kN·m
(4) 1.39 kN·m
0.83 m

−3 kN
3 kN
−0.67 kN
3.33 kN

解図 1.1

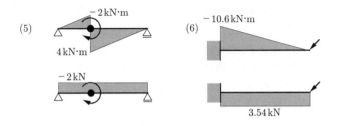

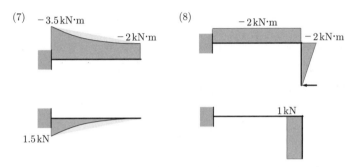

解図 **1.1** （つづき）

## 2章

【1】 左部 $0.017\,8\,\mathrm{mm}$，中部 $0.159\,2\,\mathrm{mm}$，右部 $0.027\,9\,\mathrm{mm}$，全伸び $0.205\,\mathrm{mm}$

【2】 (1) $N = 800\,\mathrm{kN}$

　　 (2) $M = 26.7\,\mathrm{kN \cdot m}$

　　 (3) $N = 800\,\mathrm{kN}$, $M = 26.7\,\mathrm{kN \cdot m}$

【3】 $50.7\,\mathrm{kN}$

【4】 $\gamma = 0.001\,039$

【5】 $d > 35.7\,\mathrm{mm}$

## 3章

【1】 $r = r_0 \exp \dfrac{\pi r_0^2 w x}{2W}, \quad \Delta L = -\dfrac{Wh}{\pi r_0^2 E}$

【2】 $\sigma_{\max} = \dfrac{wh}{3}, \quad \Delta L = \dfrac{wh^2}{6E}$

【3】 (1) 圧縮力 $P = -16\,666\,\mathrm{N}$, $\sigma_1 = -16.7\,\mathrm{N/mm^2}$, $\sigma_2 = -41.7\,\mathrm{N/mm^2}$

　　 (2) 圧縮力 $P = -110\,000\,\mathrm{N}$, $\sigma_1 = -110\,\mathrm{N/mm^2}$, $\sigma_2 = -275\,\mathrm{N/mm^2}$, 移動量は右側に $0.55\,\mathrm{mm}$

【4】 銅に圧縮力，鋼に引張力が生じ，その大きさは $P = \pm 920\,\text{N}$，銅の応力は $-23\,\text{N/mm}^2$，鋼の応力は $46\,\text{N/mm}^2$，伸びは $0.143\,\text{mm}$

【5】 線膨張係数 $\alpha$，温度 $T$，弾性係数 $E$，断面積 $A$ とすると，中央の棒に生じる力は $-2\alpha TEA/3$，左右の棒に生じる力は $\alpha TEA/3$，これを面積で割れば応力となる。中央の棒の応力は $-147\,\text{N/mm}^2$，左右の棒の応力は $73\,\text{N/mm}^2$

【6】 $L = 796\,\text{mm}$，鋼とコンクリートに発生する力は $P = \pm 799\,\text{N}$，コンクリート棒の応力は $-20\,\text{N/mm}^2$，鋼線の応力は $799\,\text{N/mm}^2$

# 4章

【1】 (1) 上端から $\dfrac{h}{3} \cdot \dfrac{a + 2b}{a + b}$ 下方，左端から $\dfrac{1}{3} \cdot \dfrac{a^2 + ab + b^2}{a + b}$ 右方

　　 (2) 上縁から $14\,\text{mm}$ 下方，左縁から $23\,\text{mm}$ 右方

　　 (3) 左右対称線上の，円中心から $\dfrac{4r}{3\pi}$ 上方

【2】 上縁から中立軸までの距離を $y_0$ とする。

　　 (1) $y_0 = \dfrac{h}{3} \cdot \dfrac{a + 2b}{a + b}$, $I = \dfrac{a^2 + 4ab + b^2}{36(a + b)} h^3$

　　 (2) $y_0 = 75.22\,\text{mm}$, $I = 1.96 \times 10^7\,\text{mm}^4$

　　 (3) $y_0 = 56.38\,\text{mm}$, $I = 1.24 \times 10^7\,\text{mm}^4$

【3】 略

【4】 断面係数 $Z = \dfrac{h^2 \sqrt{d^2 - h^2}}{6}$ を最大化する条件より $h = d\sqrt{2/3}$, $b = d\sqrt{1/3}$

【5】 上縁から中立軸までの距離を $y_0$，中立軸まわりの断面2次モーメントを $I$，上縁の応力を $\sigma_u$，下縁の応力を $\sigma_l$ とする。

　　 (1) $\sigma = \pm 555\,\text{N/mm}^2$

　　 (2) $y_0 = 77.07\,\text{mm}$, $I = 1.035 \times 10^8\,\text{mm}^4$, $\sigma_u = -112\,\text{N/mm}^2$, $\sigma_l = 251\,\text{N/mm}^2$

　　 (3) $y_0 = 163.7\,\text{mm}$, $I = 1.275 \times 10^8\,\text{mm}^4$, $\sigma_u = -193\,\text{N/mm}^2$, $\sigma_l = 160\,\text{N/mm}^2$

【6】 略

【7】 いずれも左端を原点として右向きに $x$ をとると

　　 (1) $v = \dfrac{P}{6EI} \times \begin{cases} 3ax^2 - x^3 & (0 \leq x \leq a) \\ 3a^2 x - a^3 & (a \leq x \leq L) \end{cases}$

　　 (2) $v = -\dfrac{q}{24EI} \begin{cases} 4bx^3 - 6(2a + b)bx^2 & (0 \leq x \leq a) \\ 4bx^3 - 6(2a + b)bx^2 - (x - a)^4 & (a \leq x \leq L) \end{cases}$

　　 (3) $x' = L - x$ として

$$v = \frac{P}{6EIL} \times \begin{cases} b\{-x^3 + (a+2b)ax\} & (0 \leq x \leq a) \\ a\{-x'^3 + (2a+b)bx'\} & (0 \leq x' \leq b) \end{cases}$$

(4)　$x' = L - x,\ b = L - a$ として

$$v = \frac{P}{6EI} \times \begin{cases} -x^3 + 3abx & (0 \leq x \leq a) \\ 3axx' - a^3 & (a \leq x \leq b) \\ -x'^3 + 3abx' & (b \leq x \leq L) \end{cases}$$

【8】 左端を原点として右向きに $x$ をとると $v = \dfrac{6PL}{Eh^4}x^2$

【9】 上下のはりが接する点のたわみが等しいという条件から答えを求める。

$$R = \frac{3P}{4}\left(\frac{L}{L_1} - \frac{1}{3}\right)$$

## 5 章

【1】 略

【2】 中立軸位置（上端から下方 25 mm）を基準に下向きに $y$ 軸をとると

$$\tau(y) = \begin{cases} 16.8 - 0.026\,9y^2 & (-25 \leq y \leq 5) \\ 33.0 - 0.026\,9y^2 & (5 \leq y \leq 35) \end{cases}$$

【3】 せん断によるたわみは $\dfrac{3PL}{8Gbh}$，曲げによるたわみは $\dfrac{PL^3}{4Ebh^3}$，比は $3.9\left(\dfrac{h}{L}\right)^2$

## 6 章

【1】 $8.49\,\text{N/mm}^2$

【2】 (1)　$3.08 \times 10^{10}\,\text{N} \cdot \text{mm}^2$

(2)　$2.5\,\text{N/mm}^2$

【3】 (1)　$2.08 \times 10^{13}\,\text{N} \cdot \text{mm}^2$

(2)　$0.0556\,\text{N/mm}^2$

## 7 章

【1】 つり合っている。

【2】 (1)　$\varepsilon_x = 0.002\,0$,　$\varepsilon_y = 0.001\,5$,　$\gamma_{xy} = 0.000\,7$

(2)　$\varepsilon_x = -0.002\,0$,　$\varepsilon_y = 0.001\,5$,　$\gamma_{xy} = 0.000\,7$

【3】 上載圧を $\sigma$ とすると

(1)　$\varepsilon_x = \dfrac{\sigma}{E}$ より $\Delta L = -1.00\,\text{mm}$

(2) $\varepsilon_x = (1 - \nu^2)\dfrac{\sigma}{E}$ より $\Delta L = -0.91\,\text{mm}$

(3) $\varepsilon_x = \dfrac{(1 + \nu)(1 - 2\nu)}{1 - \nu}\dfrac{\sigma}{E}$ より $\Delta L = -0.74\,\text{mm}$

【4】

$$\begin{bmatrix} \varepsilon_x & \gamma_{xy} & \gamma_{xz} \\ \gamma_{yx} & \varepsilon_y & \gamma_{yz} \\ \gamma_{zx} & \gamma_{zy} & \varepsilon_z \end{bmatrix} = \begin{bmatrix} 53 & 65 & -39 \\ & -64 & 26 \\ \text{sym.} & & 27 \end{bmatrix} \times 10^{-6}$$

【5】 $\Delta V = (1 + \varepsilon_{xx})(1 + \varepsilon_{yy})(1 + \varepsilon_{zz})dxdydz - dxdydz$ から導ける。

【6】 $\tau_{yx} = \dfrac{3q}{2bh^3}(L - x)(h^2 - 4y^2)$,　$\sigma_y = -\dfrac{q}{2bh^3}(4y^3 - 3h^2y + h^3)$

# 8章

【1】 略

【2】 解図 8.1 参照

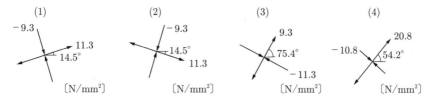

解図 8.1

【3】 (1) $\sigma_x = 80$, $\sigma_y = 40$, $\tau_{xy} = 34.6$

　　 (2) $\sigma_x = 137$, $\sigma_y = -37$, $\tau_{xy} = 50$

【4】 (1) $\sigma_1 = 145\,\text{N/mm}^2$, $\sigma_2 = 58\,\text{N/mm}^2$,

　　　　 $\sigma_1$ は水平軸を時計回りに $29.5°$ 回転した方向

　　 (2) $\sigma_{1,2} = \pm 22\,\text{N/mm}^2$,

　　　　 $\sigma_1$ は水平軸を反時計回りに $67.5°$ 回転した方向

【5】 (1) $\sigma_1 = 113\,\text{N/mm}^2$, $\sigma_2 = 39\,\text{N/mm}^2$,

　　　　 $\sigma_1$ は水平軸を反時計回りに $6.9°$ 回転した方向

　　 (2) $\sigma_1 = 30\,\text{N/mm}^2$, $\sigma_2 = -11\,\text{N/mm}^2$,

　　　　 $\sigma_1$ は水平軸を $90°$ 回転した方向

【6】 (1) $\sigma_x = \dfrac{pr}{2t}$,　$\sigma_t = \dfrac{pr}{t}$

　　 (2) $\varepsilon_1 = \dfrac{pr}{2tE}(2 - \nu)$, $\varepsilon_2 = \dfrac{pr}{2tE}(1 - 2\nu)$

　　 (3) $\dfrac{pr}{8tE}(5 - 7\nu)$

## 9 章

**【 1 】** 解表 **9.1** 参照

解表 **9.1**

| $y$ 〔mm〕 | $\sigma_x$ 〔N/mm$^2$〕 | $\tau_{xy}$ 〔N/mm$^2$〕 | $\sigma_1$ 〔N/mm$^2$〕 | $\sigma_2$ 〔N/mm$^2$〕 | $\theta$ 〔deg〕 |
|---|---|---|---|---|---|
| $-150$ | $-10$ | $0$ | $0$ | $-10$ | $90$ |
| $-75$ | $-5$ | $1.875$ | $0.625$ | $-5.625$ | $71.6$ |
| $0$ | $0$ | $2.5$ | $2.5$ | $-2.5$ | $45$ |
| $75$ | $5$ | $1.875$ | $5.625$ | $-0.625$ | $18.4$ |
| $150$ | $10$ | $0$ | $10$ | $0$ | $0$ |

〔注〕 $\theta$ は $x$ 軸と $\sigma_1$ 方向の角度であり，反時計回りが正

**【 2 】** 曲げ応力は $\dfrac{6PL\cos\theta}{bh^2}$，軸応力は $-\dfrac{P\sin\theta}{bh}$，この和が負になる条件より $\tan\theta > \dfrac{6L}{h}$

**【 3 】** (1) $I = 1.816 \times 10^7 \, \text{mm}^4$

(2) $y_0 = 95.78 \, \text{mm}$, $I = 1.009 \times 10^7 \, \text{mm}^4$

(3) $I = 1.223 \times 10^7 \, \text{mm}^4$

応力分布を**解図 9.1** に示す。

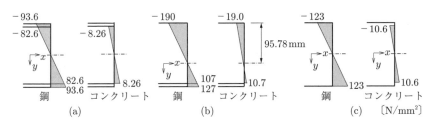

解図 **9.1**

**【 4 】** 係数行列式を解くと $4\alpha \sin^2 \dfrac{\alpha L}{2} - 2\alpha^2 L \sin \dfrac{\alpha L}{2} \cos \dfrac{\alpha L}{2} = 0$，これより $P_{cr} = 4\dfrac{\pi^2 EI_y}{L^2}$ が得られる。

**【 5 】** (1) $\boldsymbol{n} = \dfrac{1}{\sqrt{11}}(1,3,1)$, $\boldsymbol{T} = \dfrac{1}{\sqrt{11}}(5,7,3)$, $\sigma = \dfrac{29}{11}$, $\tau = \dfrac{6\sqrt{2}}{11}$

(2) $\boldsymbol{n} = \dfrac{1}{3}(2,-1,2)$, $\boldsymbol{T} = (1,0,2)$, $\sigma = 2$, $\tau = 1$

(3) $\boldsymbol{n} = \dfrac{1}{3}(-1,2,-2)$, $\boldsymbol{T} = \dfrac{1}{3}(-2,3,-4)$, $\sigma = \dfrac{16}{9}$, $\tau = \dfrac{\sqrt{5}}{9}$

**【 6 】** $I = 2.255 \times 10^6 \, \text{mm}^4$

【**7**】 (1) $y' - z'$ 軸を時計回りに $\pi/8$ 回転させた軸が主軸となり, $I_y = 0.25a^3t$, $I_z = 3.08a^3t$

(2) $v = -\dfrac{PL^3 \cos(\pi/8)}{3E(3.08a^3t)}$, $w = \dfrac{PL^3 \sin(\pi/8)}{3E(0.25a^3t)}$

$v' = 0.29\dfrac{PL^3}{Ea^3t}$, $\quad w' = 0.43\dfrac{PL^3}{Ea^3t}$

(3) $0.86\dfrac{PL}{a^2t}$

# 索　引

─── 著 者 略 歴 ───

| | |
|---|---|
| 1986年 | 東京工業大学工学部土木工学科卒業 |
| 1988年 | 東京工業大学大学院総合理工学研究科修士課程修了（社会開発工学専攻） |
| 1988年 | 東日本旅客鉄道株式会社勤務 |
| 1990年 | 東京工業大学助手 |
| 1994年 | 博士（工学）（東京工業大学） |
| 1995年 | 東京工業大学講師 |
| 1997年 | 東京工業大学助教授 |
| 1997年 | 東京大学助教授 |
| 2000年 | 名古屋大学助教授 |
| 2003年 | 名古屋大学教授 |
| | 現在に至る |

# 構造解析のための材料力学
Mechanics of Materials for Structural Analysis　　Ⓒ Kazuo Tateishi 2020

2020 年 2 月 28 日　初版第 1 刷発行　　　　　　　　　　　　　★

検印省略

| | |
|---|---|
| 著　者 | 舘　石　和　雄 |
| 発 行 者 | 株式会社　コロナ社 |
| | 代表者　牛来真也 |
| 印 刷 所 | 三美印刷株式会社 |
| 製 本 所 | 有限会社　愛千製本所 |

112–0011　東京都文京区千石 4–46–10
発行所　株式会社　コ ロ ナ 社
CORONA PUBLISHING CO., LTD.
Tokyo Japan
振替 00140–8–14844・電話(03)3941–3131(代)
ホームページ　https://www.coronasha.co.jp

ISBN 978–4–339–05270–1　C3051　Printed in Japan　　　（横尾）

# 土木・環境系コアテキストシリーズ

(各巻A5判)

■編集委員長　日下部 治
■編集委員　小林 潔司・道奥 康治・山本 和夫・依田 照彦

## 共通・基礎科目分野

| | 配本順 | | 著者 | 頁 | 本体 |
|---|---|---|---|---|---|
| A-1 | (第9回) | 土木・環境系の力学 | 斉木 功著 | 208 | 2600円 |
| A-2 | (第10回) | 土木・環境系の数学 — 数学の基礎から計算・情報への応用 — | 堀市 宗朗 村 強共著 | 188 | 2400円 |
| A-3 | (第13回) | 土木・環境系の国際人英語 | 井合 進 R. Scott Steedman共著 | 206 | 2600円 |
| A-4 | | 土木・環境系の技術者倫理 | 藤原 章正 木村 正定共著 | | |

## 土木材料・構造工学分野

| B-1 | (第3回) | 構 造 力 学 | 野村 卓史著 | 240 | 3000円 |
|---|---|---|---|---|---|
| B-2 | (第19回) | 土 木 材 料 学 | 中奥松 聖俊三博共著 | 192 | 2400円 |
| B-3 | (第7回) | コンクリート構造学 | 宇治 公隆著 | 240 | 3000円 |
| B-4 | (第4回) | 鋼 構 造 学 | 舘石 和雄著 | 240 | 3000円 |
| B-5 | | 構 造 設 計 論 | 佐香 藤月 尚次智共著 | | |

## 地盤工学分野

| C-1 | | 応 用 地 質 学 | 谷 和夫著 | | |
|---|---|---|---|---|---|
| C-2 | (第6回) | 地 盤 力 学 | 中野 正樹著 | 192 | 2400円 |
| C-3 | (第2回) | 地 盤 工 学 | 高橋 章浩著 | 222 | 2800円 |
| C-4 | | 環 境 地 盤 工 学 | 勝見 武乾 徹共著 | | |

## 水工・水理学分野

| D-1 | (第11回) | 水 理 学 | 竹原 幸生著 | 204 | 2600円 |
|---|---|---|---|---|---|
| D-2 | (第5回) | 水 文 学 | 風間 聡著 | 176 | 2200円 |
| D-3 | (第18回) | 河 川 工 学 | 竹林 洋史著 | 200 | 2500円 |
| D-4 | (第14回) | 沿 岸 域 工 学 | 川崎 浩司著 | 218 | 2800円 |

## 土木計画学・交通工学分野

| E-1 | (第17回) | 土 木 計 画 学 | 奥村 誠著 | 204 | 2600円 |
|---|---|---|---|---|---|
| E-2 | (第20回) | 都 市 ・ 地 域 計 画 学 | 谷下 雅義著 | 236 | 2700円 |
| E-3 | (第12回) | 交 通 計 画 学 | 金子 雄一郎著 | 238 | 3000円 |
| E-4 | | 景 観 工 学 | 川﨑 雅史 久保田 善明共著 | | |
| E-5 | (第16回) | 空 間 情 報 学 | 須﨑 純一 畑山 満則共著 | 236 | 3000円 |
| E-6 | (第1回) | プロジェクトマネジメント | 大津 宏康著 | 186 | 2400円 |
| E-7 | (第15回) | 公共事業評価のための経済学 | 石倉 智樹 横松 宗太共著 | 238 | 2900円 |

## 環境システム分野

| F-1 | | 水 環 境 工 学 | 長岡 裕著 | | |
|---|---|---|---|---|---|
| F-2 | (第8回) | 大 気 環 境 工 学 | 川上 智規著 | 188 | 2400円 |
| F-3 | | 環 境 生 態 学 | 西村 修 山田 一裕共著 | | |
| F-4 | | 廃 棄 物 管 理 学 | 中田 隆行 島岡 裕文共著 | | |
| F-5 | | 環 境 法 政 策 学 | 織 朱實著 | | |

定価は本体価格+税です。
定価は変更されることがありますのでご了承下さい。

図書目録進呈◆